猫之书

100种猫咪**行为**，
解读猫主子的**真心话**

[日]今泉忠明 主编　[日]卵山玉子 绘　李奕 译

南海出版公司

2021·海口

序言

※ 本书漫画的阅读顺序为从右至左。

登场人物和猫咪的介绍

目录

第1章 猫有猫的理由

01 为什么猫总想钻进箱子里? ………………………………… 10
02 为什么猫绝对不会错过打开罐头的声音? …………………… 12
03 为什么那么专注地梳毛? …………………………………… 14
04 为什么在被抚摸得很舒服时,会突然大口"咬"? ………… 16
05 为什么便便后会兴奋地来回跑? …………………………… 18
06 为什么要把脚搭在厕所边缘排泄呢? ……………………… 20
07 为什么上完厕所,要在没有猫砂的地方刨几下? ………… 22
08 为什么会斜着身子跳? ……………………………………… 24
09 受到惊吓时为什么会垂直跳? ……………………………… 25
10 经常把头或脚伸进拖鞋里,好玩吗? ……………………… 26
11 猫明明是肉食动物,为什么喜欢吃猫草? ………………… 27
12 为什么不喜欢橘子的味道? ………………………………… 28
13 主人变了装,猫就认不出来了? …………………………… 30
14 猫觉得自己是人类? ………………………………………… 32
15 为什么猫受到惊吓后,会盯着主人看? …………………… 34
16 猫有自己喜欢的音乐风格吗? ……………………………… 36
17 比起新的猫窝,更喜欢打包用的纸箱? …………………… 37
18 抓起后脖子就会变老实,是真的吗? ……………………… 38
19 散步时,猫到底都干了些什么? …………………………… 40
20 搞砸事情后,梳毛是为了掩饰? …………………………… 42
21 猫妈妈的教育果然很重要? ………………………………… 44
22 总觉得无论什么时候,猫都在睡 …………………………… 46
23 猫为什么总是一副懒洋洋的样子? ………………………… 48
24 猫咪会害怕灌满水的塑料瓶吗? …………………………… 50
25 明明什么都没有,却总用目光追踪? ……………………… 52
26 为什么那么喜欢"啾噜"的猫零食? ……………………… 53
27 露出獠牙、发出"嘶"声是什么意思? …………………… 54
28 为什么猫咪能在防猫刺垫上安然入睡? …………………… 55

第2章 可爱是与生俱来的

29 仰面躺着,露出肚子是投降的意思? ……………………… 60
30 为什么喜欢踩揉被子或人的身体? ………………………… 62
31 人只是"用着相当顺手的投食机"? ……………………… 64
32 小猫咪兄弟姐妹间也有排名? ……………………………… 66
33 猫咪睡着后,为什么身体会抽搐? ………………………… 68

34	为什么睡姿像跪在地上道歉一样?	69
35	到家就看见猫咪蹲在门口,它在等我吗?	70
36	猫咪歪着头,是在想问题吗?	71
37	猫能分辨出主人的声音吗?	72
38	拍拍腰就会开心	73
39	一听到猫发出的咕噜咕噜声,就会对它千依百顺?	74
40	猫咪的治愈效果真的能延年益寿吗?	76
41	主人为什么会事事迁就猫咪呢?	78
42	公猫喜欢女性,母猫喜欢男性?	80
43	为什么一看猫咪的视频就停不下来?	82
44	面对猫咪无情的态度,人们为什么不会厌烦?	84
45	对猫咪的爱太深了,好可怕!	85

第3章 猫的世界也挺复杂

46	为什么喜欢闻屁股?	88
47	根本不想把便便藏起来是因为懒散吗?	90
48	拿头蹭对方的头,是在攻击吗?	92
49	为什么温柔地舔完对方,又突然咬一口?	94
50	为什么会爬到关系好的猫咪的背上睡觉?	96
51	好像猫咪之间的坏毛病会相互传染	98
52	能把藏好的东西找出来是因为超能力吗?	100
53	打架不乘胜追击的理由是什么?	102
54	猫咪为什么聚在一起?	104
55	猫也会患上"分离焦虑症"吗?	106
56	猫的世界里有欺凌现象吗?	108
57	猫的世界会同性相吸吗?	110
58	猫老大让出食物是因为大度吗?	112
59	猫的世界里,生殖竞争激烈吗?	114

第4章 不是故意招人烦

60	为什么会在刚刚打扫完的猫砂上尿一点点?	120
61	在卫生间以外的地方排泄是出于某种反抗心理吗?	122
62	为什么故意在被子上尿尿?	124
63	猫砂盆明明很干净,为什么猫咪还是随处大小便?	126
64	带着猎物回家是想送主人礼物?	128
65	家里有猫抓板,为什么猫咪还会在家具上磨爪呢?	130
66	剪个趾甲就被讨厌了?当用人真吃亏!	132
67	为什么猫咪总拿屁股对着我?	134

68	明明帮了忙，怎么还被凶？	136
69	好像更喜欢选择大的食物	138
70	猫咪的早餐要求，只要满足一次就会让它变得任性吗？	140
71	饭上撒沙子是因为不喜欢吗？	142
72	惊愕地张开嘴是因为太臭吗？	144
73	站着向后喷射的尿到底是啥？	146
74	对猫过敏能治愈吗？	148
75	猫咪的大便为什么干巴巴的？	150
76	为什么有时候完全玩不起来？	152
77	为什么要在刚收好的衣服上弄上一堆毛？	153
78	为什么一摊开报纸或杂志，猫就会趴到上面捣乱？	154
79	被抚摸过的地方，都会再舔一遍，是不想被抚摸吗？	155
80	为什么半夜会跑来跑去？	156
81	猫咪要吐的时候，看到递过去的纸巾为什么会逃跑？	157

第5章 每只猫都是有个性的

82	不认生的猫和胆小的猫，性格是由什么决定的？	160
83	猫也分左撇子和右撇子吗？	162
84	成年后一直紧跟着猫妈妈，这是为什么？	164
85	三色猫傲娇并且脾气大，是真的吗？	166
86	橘猫的个头怎么都那么大？	168
87	很多人都喜欢黑猫，黑猫有独特的个性吗？	170
88	胡子状和点眉状花纹是怎么形成的？	172
89	猫的L形尾巴是怎么形成的？	174
90	猫老大的脸为什么那么大？	176
91	纯种猫更骄傲？	178
92	白猫都比较胆小是真的吗？	179
93	长毛猫的性格都比较安静吗？	180
94	明明已是"中年大叔猫"，怎么声音还是又高又可爱？	181
95	能长途跋涉回家的猫，是有归巢本能吗？	182
96	狗和猫可以和睦相处吗？	183
97	为什么有些猫可以跟鸟和仓鼠和睦相处？	184
98	肥猫必须要减肥吗？	186
99	再养一只猫，猫咪咬人的坏毛病就会消失，是真的吗？	188
100	野性十足的猫也能变得爱撒娇吗？	190

专栏

测测猫咪的野性度 ··· 56
喜欢猫的人有什么特点？ ··· 86
测测你与猫的恩爱度 ··· 116
猫咪"情绪化"的理由 ··· 158

第 1 章

猫有猫的理由

01 为什么猫总想钻进箱子里？

第 1 章　猫有猫的理由

很久以前，猫咪的祖先喜欢将树洞或岩穴等狭窄昏暗的地方作为睡觉或隐蔽的场所。因为睡着时的防备力稍差，所以必须选择敌人不易发现之处。此外，这种栖身之地不止一处，在猫咪的领地内越多越好，以便猫咪在遇到敌人或想稍作休息时，可以就近隐藏自己。

这也是现代的猫咪一见到箱子或筐子就想钻进去的习性根源。猫咪先钻进去试一下舒适度，看上了就将其"据为己有"。猫咪特别倾向于那种贴身的、大小合适的箱子或筐子。

英国和荷兰有调查显示，这种"隐身场所"对猫咪来说非常重要。带猫咪去宠物医院等它们不熟悉的地方时，准备一个藏身的箱子，有助于缓解猫咪的心理压力。

猫的本心

猫的祖先藏身在树洞或岩穴里，钻进箱子里可以帮猫咪缓解精神压力。

02 为什么猫绝对不会错过打开罐头的声音?

第 1 章 猫有猫的理由

相比人类，猫咪有着更敏锐的听觉。对于能捕捉到的音域的范围、音色的区分、声源的判断，猫咪都能达到人类甚至狗狗都到达不了的水平。猫咪能在夜间捕猎，完全得益于敏锐的听觉。所以开猫罐头这么重要的声音，猫咪是绝对不会错过的。

即使看不到猎物，仅凭声音就能判断其"存在"，换个难点的说法，可以理解为猫咪懂得凭借声音来判断位置的物理法则。日本京都大学用实验证实了这一说法。先将球放进箱子里摇，发出声音，之后将箱子倒过来，球会掉出来；再另做一个箱子，装上即使倒过来后球也不会掉出来的机关。于是，在球没掉出来的时候，猫盯着箱子的时间就会变长。我们因此可以推测出猫咪在想"应该球会掉出来呀"，并觉得这太不可思议了。

同样，对于摇了也没发出声音却掉出了球的箱子，猫也会盯着看很久，觉得不可思议。

猫的本心

猫的听力比人类甚至狗狗都优秀，因此绝对不会错过美食的声音！

啪咔

第1章 猫有猫的理由

猫咪醒着时，有将近一半的时间都在梳毛。穿着衣服、行为受到限制的猫咪，一旦脱掉衣服，就像要把失去的时间都补回来似的，梳毛的时间越发地长。对于猫咪来说，梳毛至关重要。

比如说，在有寄生虫存在的环境中，不梳毛的话，猫咪身上的寄生虫就会成倍增加。寄生虫是导致皮肤病与传染病的病因之一，关系到猫咪的生死。加之，猫又是靠隐蔽自己从而突袭猎物的动物。如果不及时梳毛，就容易让猎物因嗅到自己的体味而逃跑，失去食物就意味着无法生存下去。人注重自身的外表是礼节。猫咪梳毛却是关乎生死的大事，当然要全身心投入。

当然，猫主人并不需要自家猫咪去捕猎，但是长久以来养成的习性也不是简简单单就能改掉的。

猫的本心

不梳毛就会生病呀、捕猎失败呀……当然得全身心投入。

第1章 猫有猫的理由

你一定遇到过吧？猫咪明明刚才还很惬意地享受着抚摸，却突然咬了上来，一副很生气的样子。难道一开始就是个骗局？其实并不是，这叫"爱抚诱发性攻击"。主要原因是抚摸超出了猫咪的忍耐界限。就算一开始被抚摸得很舒服，一旦时间过长，猫咪就会生气。脸侧向一边、尾巴开始摇摆都是征兆。有了这些信号还继续抚摸的话，就会被咬了。

同样，这种事情在猫咪之间也会发生。相亲相爱的两只猫咪互相舔毛，不会看脸色的猫咪一直舔毛的话，就会被对方攻击。给对方舔毛几秒就结束是常识，人抚摸猫咪时也是这个标准。

抚摸猫咪的力道和部位都特别重要，有数据表明，喉咙下方是猫咪非常喜欢被抚摸的地方，而眼睛与耳朵之间的部分则十分厌恶被触碰。不擅长抚摸猫咪的人可以先从喉咙下方开始挑战。

猫的本心

长时间被抚摸就会生气，对抚摸的位置和力道不满意也会这样。

没这回事！！

第 1 章　猫有猫的理由

生活在大自然中的野猫，它们的领地中心就是睡觉的大本营。为了不让敌人发现如此重要的大本营，猫咪是不会在那里排泄的，因为绝对不能留下一丝气味。大本营的外围是狩猎区域，于是猫咪就选择在那里排泄。

然而外出排泄，被敌人发现的可能性就增大。在防备力偏弱的排泄过程中，猫咪是非常危险的。于是，排泄完后扫一眼迅速撤离就成了猫咪"拉完就跑"的起源，且这种习性已深入骨髓。

相比排尿，拉完便便后冲刺的概率更高，可能是因为排便比排尿更费时间吧。如果猫咪便秘，排便时间会更长，拉完后就会冲刺得更为迅猛。

> **猫的本心**
>
> 大自然险象环生，排泄是伴随着危险的行为，所以，「拉完就跑」延续至今。

第 1 章 猫有猫的理由

对于猫咪此种行为的解释有三种。第一，厕所太小。猫咪蹲下的时候，屁股可能会碰到厕所边缘，无奈之下只能调节前脚的位置。第二，不喜欢新猫砂。反常的姿势可能只是为了尽量不让足底肉球碰到猫砂。第三，想要保持环视四周的姿势。可能是因为厕所放在一个让猫咪不是很安心的地方，所以它将头高高扬起，随时注意异动。

因为野生时代的猫咪都是在真正的沙子、土地中排泄，所以为猫咪准备大一点的容器当厕所，并装入接近细沙的沙子是最为理想的。有数据表明，如果猫咪因为不愿在窄小厕所里排尿而一直忍着，或者不想在粗糙沙子上排便而忍着不排便，都容易导致膀胱炎。为了不让猫咪生病，请准备一个舒适的如厕环境。

猫的本心

也许只是单纯的『方便排泄的姿势』，也许是不喜欢这个厕所，也许还有别的也许。

也有双足站立拉便便的猫

扑哧……

07 为什么上完厕所，要在没有猫砂的地方刨几下？

第 1 章 猫有猫的理由

猫虽然被称为"隐藏排泄物的动物",但实际上,拉完便便后只是随意刨两下就满意离开的猫咪有很多,最重要的是便便完全没被盖住……很多人会觉得很奇怪,这根本没达到目的呀。

然而,在猫咪漫长的生存历史中,模拟"在小沙堆里排便"的猫砂盆是最近才出现的。迄今为止,仍有成千上万只猫咪一直在大自然中排泄,随意刨几下就足以隐藏排泄物。现在的家猫或许在纳闷:"这么努力在掩盖便便,怎么还这么大味儿呢?"

不仅是排泄物,只要觉得是臭的东西,猫咪都会做出刨地的动作。在漫画中,猫咪用前爪刨着文件资料。其实,在什么都没有的地方,猫咪也会做出同样的动作。

只要觉得臭,猫咪不管在哪里都会做出刨地的动作。

猫的本心

在野外时,随意刨几下土和沙子就能隐藏排泄物。

08 为什么会斜着身子跳?

斜着身子跳是受到惊吓的猫咪所做出的一种威吓,它们在纠结该逃还是该攻击。前脚想逃,后脚却冲上去,结果就变成或跳或斜着跑的样子了。

猫的本心

该攻击还是该逃跑,犹豫时就变成这种奇怪的样子了!

09 受到惊吓时为什么会垂直跳？

突然被巨大声音吓到，猫咪会垂直弹跳。或许是觉得只要先离开那个地方就能避开危险吧。几乎没有俯身趴下，就能跳得很高，这是具有超强瞬间爆发力的猫咪才独有的吧。

猫的本心
可能是出于躲避不明危险的本能吧。

10 经常把头或脚伸进拖鞋里，好玩吗？

猫咪喜欢置身于狭窄的地方，对即使身体进不去的小洞也极为喜欢，或许是因为由此联想到猎物的巢穴了。有的猫咪干脆把头和脚都伸进拖鞋里，可能是因为拖鞋前面很像洞穴，而且带有主人的气味吧。

猫的本心

本能地就迷恋上像洞穴一样的地方。

11 猫明明是肉食动物，为什么喜欢吃猫草？

野生猫咪通过吃草类，将残留在肠胃里猎物的毛和羽毛等不易消化的异物吐出，以便排泄。说起来，草类还是猫咪的肠胃功能调节剂呢。也有人认为猫咪沉迷于吃草时的咀嚼感，因为与咀嚼猎物的皮毛很相似。

猫的本心

为了吐出难以消化的异物，以便排泄。

12 为什么不喜欢橘子的味道？

第 1 章　猫有猫的理由

以柑橘类水果气味为代表的酸味是猫咪不喜欢的气味之一。因为对猫咪来说，酸味与腐肉味是一样的，绝对是它们避之不及的气味。其实猫咪的味觉远比人类迟钝，就连砂糖的甜味都感觉不出，但对于腐肉的味道却极其敏感。或许是因为猫咪吃了腐肉会丢掉性命吧。

此外，柑橘类水果的果皮里包含的柠檬烯成分对猫咪来说是有害的，是造成它们呕吐、出现皮疹的元凶。虽说少量该成分并不会伤害到猫咪，但也会给猫咪带来不舒服的刺激感。剥橘子时扩散在空气中的气味会刺激到猫咪的瞳孔，有些猫咪会把眼睛眯成一条缝。

当然，如此这般不喜欢柑橘类气味的猫咪中也有异类，甚至有喜欢吃橘子的猫咪。或许是它们在感冒的时候，味觉和嗅觉变迟钝了的缘故吧。

猫的本心

对猫来说，酸味和腐肉的气味一样，都让它们极为厌恶。柑橘类水果的果皮里有不利于猫健康的成分。

第1章 猫有猫的理由

实际上，猫咪的视力并不好，视觉分辨率只有人类的1/10，不能辨别出细小的不同之处。那猫咪是如何区分对象的呢？主要靠轮廓。所以说当主人的头变得极端大，例如主人戴了假发，猫咪就不知道"这是谁"了。或许有人会质疑，猫咪不是有极为敏锐的听觉和嗅觉吗？不是能通过声音和体味来分辨吗？实际上，当视觉判定为不明物体后，猫咪就没有余力用其他感觉来判断了。

首先来说，猫咪并不能记得人的具体样貌。曾有一个实验，观察动物能否从一些照片中认出一起居住了六个月的培训师，结果显示：有88%的狗认出了培训师的照片，但是只有54%的猫认出了培训师的照片。也就是说，只有一半的猫认得出来哦。或许有人会觉得可能是因为照片不够立体，猫咪才分不出来。但是90%的猫咪可以从照片中认出自己的猫同伴。或许对猫来说，同伴比人要重要吧……

> **猫的本心**
>
> 猫区分对象主要靠轮廓，当轮廓发生很大变化后，猫咪就认不出了！

14 猫觉得自己是人类?

第1章 猫有猫的理由

在玩耍和相处上，狗狗对待同类是一种方式，对待人类是另一种方式。因为狗狗知道人类"是跟自己不一样的存在"。然而在猫咪这里，不管对方是人还是猫，它们都一视同仁。当人去抚摸猫咪时，猫咪就会回礼——舔你一口，这跟对同类是同样的接触方式。

总而言之，猫咪是不能区分人类与猫咪的不同的，还有种说法是，猫咪会觉得人类只是一只"很大的猫"，甚至觉得人类既不能跳跃，动作又很慢，是只"无用的猫"……所以猫咪有时会把猎物作为礼物拿到主人面前，意思是"让我来教教你这只不会狩猎的无能的猫吧"。被一只小小的猫关照是不是很意外？

因此，猫咪会学着主人的样子，大张四肢，毫无仪态地瘫坐，但这也只是毫无警戒心的家猫才有的样子。说明现在的生活让它们非常安心。

猫的本心

"猫是猫，人是人"这种区分基本上是不存在的。在猫的世界，大家都是一样的！

笔直

站起来了……

第 1 章 猫有猫的理由

当看到奇怪的东西时，人们会看向自己熟知的人，猫咪也会这样做。2015 年，意大利有人曾做过一个实验，将猫咪和主人一起带进装有系着绿色丝带风扇的房间。80% 的猫咪会出现"在电风扇和主人之间来回看"的反应，仿佛在问主人"这个是什么"。

在随后的实验中，让一半的主人露出开心的表情，另一半则露出恐惧的表情。结果是，较之前者，那些看到主人露出恐惧表情的猫咪会不停地在电风扇与主人的脸之间来回偷看，而且想逃跑而一直看着房间出口的猫咪也较多。因为猫咪觉得"主人都害怕的东西，一定非常危险"。猫咪在看到不可思议的东西时，会参考主人的反应。

猫的本心

遇到从未见过的东西，猫会根据主人的反应来判断是否危险。

盯着看

16 猫有自己喜欢的音乐风格吗?

虽然不知道猫咪是不是喜欢音乐,但在一个实验中,让手术中的猫咪听安静的古典乐,其呼吸就会随之减缓,呈现出放松的反应。相反,重金属音乐会使猫咪呈现紧张、兴奋的状态。想让它放松的话,就用古典音乐吧。

> **猫的本心**
> 古典乐能使之平静,重金属音乐则会使之紧张!

17 比起新的猫窝，更喜欢打包用的纸箱？

在p11已经谈到猫咪喜欢箱子的理由，但是为什么比起猫窝，猫咪会更喜欢纸箱呢？或许是因为纸箱是由植物为原料的纸板制成的吧。这或许是猫咪与生俱来的天性。而且纸箱还可以啃咬抓挠，猫咪就觉得更有乐趣了。

猫的本心
猫咪觉得以木材、草为原料制成的纸箱更具魅力。

第1章 猫有猫的理由

母猫行动前会叼起小猫的后脖子，如果这个时候小猫乱动就会从母猫嘴里掉下去，会受到严重伤害甚至丢掉性命。因此，猫咪就有了这么一个"抓起后脖子就变老实"的习惯。2013年发布的研究数据表明，被抓住后脖子的猫咪会表现出心跳下降的镇静反应。不仅是小猫，成年猫也有这种习性，因此想让猫咪安静下来，抓起后脖十分奏效。按摩时也十分推荐拉长猫咪的后脖。不过，被抓住后脖提起来的时候，猫咪会有点痛苦，所以对于胖猫还是不要提后脖了。

动物医疗也会利用猫咪的这一习性，使用专用的夹后脖的夹子夹住猫咪，使之老实，以便于诊治。与此同时，有些猫咪还会做出小猫才有的行为，如前爪不停地揉踏、喉咙里发出"咕噜咕噜"的声音等。

猫的本心

母猫一叼起小猫的后脖子，小猫就会变老实。这种习性仍保留着。

第 1 章 猫有猫的理由

有些主人会好奇在外出散步的时候，猫咪会做些什么。为了调查这件事，有个新西兰人在家猫身上装上 GPS 和摄像机进行跟踪记录。在对三十七只猫进行了一百八十个小时的调查记录后，他发现与其他的猫打架、吃昆虫和爬行动物、喝污水的行为共计 447 次，横穿马路 132 次。

特别是在农村，散养的猫非常多。在英国的一项调查中，有数据表明，在农村，猫的交通事故发生率是城市的 2.7 倍。或许有人觉得在车辆流量不大的农村，交通事故发生的概率应该更低，但实际上，就是因为车辆流量少，所以开快车的人多，导致交通事故发生率反而更高。

其次，事故多半是在住宅区发生，因此只在住宅区附近散步的猫咪遇害的危险程度也不低。为了爱猫，即使在农村，也建议最好在家饲养。

> **猫的本心**
>
> 跟其他的猫打架，吃昆虫，与疾驰的汽车擦肩而过……总之很危险！

20 搞砸事情后,梳毛是为了掩饰?

第1章 猫有猫的理由

人在发愁或紧张时，会有无意识的动作，比如有的人会挠头，有的人会在会议中不停地转笔。乍看之下，这些动作毫无关联，其实这些都是使自己冷静下来的行为，我们称之为替代行动。

猫咪在搞砸一件事后，舔自己的身子也是同样的道理。打哈欠、舔自己的鼻头是同样的替代行动。梳毛，具有非常好的安定心神的效果，特别是在感到压力非常大的时候。但有时猫咪梳毛梳太过，容易把自己梳秃了。

猫的本心

搞砸后用梳毛来分散压力，是因为猫一梳毛就能平静下来。

第1章 猫有猫的理由

有人用碰一次拉杆就会出现食物的装置做了一个实验。首先教猫妈妈学会如何使用这个装置。猫妈妈便将自己如何获取食物的方法展示给小猫看，于是小猫们基本四五天就熟练掌握了这一技能。

相反，让虽然关系好却不是妈妈的雌性猫咪将自己如何获取食物的方法展示给小猫看，小猫们平均要用十八天才能掌握这一技能。而且，没有被成年猫教导的小猫最终没能学会这一技能。由此可见，对于小猫来说，母亲是最好的教育者。

野生的小猫必须在出生后的半年内学会自立。要在这么短的时间内学会必要的生存技能，小猫们就必须全神贯注地留意着猫妈妈的一举一动。没有从妈妈那里学会捕猎的猫咪是不会捕猎的。虽然看到猎物，它们会本能地用前爪抓捕，但一击毙命的厮杀本领却不是猫咪与生俱来的哦。

> **猫的本心**
>
> 获取食物、捍卫领土、同伴相处，这些必要的技能都是从猫妈妈那里学到的！

第 1 章 猫有猫的理由

有种说法是,猫这个词源于"睡觉的孩子"。猫在一天中有大半时间是睡着的。也就是说,一天中有十二个小时,猫咪是睡着的状态,醒着的绝大多数时候也只是在呆呆地出神、梳毛。

法国的宠物粮食制造商做了一项调查,他们发现,家猫一天有七成的时间(约十七个小时)是不活动的,走、跑、玩的活动时间只有七小时。可见,猫咪还真是超乎想象的节能型宠物呢。

此外,对某区域内野猫的移动距离的调查表明,雄性猫咪一天的平均移动距离是65米,而雌性猫咪和绝育后的雄性猫咪的平均移动距离只有30～35米。人们还发现,食物越丰富,野猫的领地范围就越狭小。如果野猫能从人类那里得到投喂,只需要极小的领地就可以生存,活动量也因此骤减。由此可推断,家猫的活动量更少。

> **猫的本心**
>
> 一天中十二个小时在睡觉,起来后,五个小时在发呆,活动时间只有七个小时啊。

第 1 章 猫有猫的理由

人们总是认为自己花钱买到的东西更有价值。因此，对比免费下载的东西、从别人那里免费得到的东西和自己存钱买的东西，人们肯定觉得第三种更有价值。

实验也证实了这种心理，除人类之外，其他动物也是如此。实验人员首先教动物通过触碰拉杆的方式获取食物。之后就算把食物直接摆在它们面前，它们也喜欢通过触碰拉杆获取食物。狗、猩猩、老鼠、鸟等大多数动物都表现出这种现象。

但是只有猫咪不去触碰拉杆，而是去吃摆在面前的食物。"那里明明就有食物，为什么要多费力气呢？"

这个研究结果发表在《猫的惰性》这篇论文中。换句话说，或许只有猫才是"终极合理主义者"。

猫的本心

能不干活就不干活，这是猫的美学。并非懒猫，应称其为『合理主义者』。

如果是人类，大概是这种感觉

24 猫咪会害怕灌满水的塑料瓶吗？

第 1 章 猫有猫的理由

为了减少野猫粪尿的侵害,日本全国各地都有人家会在屋子周围排上一圈灌满水的塑料瓶。然而这么做并不能让猫避之不及。实验也证实这种做法"没有效果"。

令人惊讶的是,这个传言居然来自太平洋彼岸的美国。1989 年,美国出版的一本书里就介绍了这个方法。之后在英国和澳大利亚这个方法也广为流传。不知为何,日本至今仍然有人相信。

有人利用挂起的 CD 反射的光线吓退过鸟儿。他们是想用同样的道理,利用装满水的塑料瓶反射的光线来吓跑野猫吧。野鸟和野猫确实会对没见过的东西有很高的警戒心,但只是最初会害怕而已,时间久了,CD 和灌水的塑料瓶都毫无效果。相反,灌满水的塑料瓶就跟放大镜一样,曾经发生过因装水的塑料瓶聚光而造成火灾的案例,因此需要特别小心。

猫的本心

怕灌满水的塑料瓶的?一点儿都不怕哦!到底是谁说猫

没效果……

25 明明什么都没有,却总用目光追踪?

猫的听觉敏锐,能捕捉到人类听不到的音域(超声波),甚至能准确判断出声源,仿佛能追踪到声音一样。不论听力多好的人在判断声源时,都会有 4.2° 左右的误差,而猫的误差只有 0.5°,极其精准。

猫的本心

能追踪到人类听不到的声音。

26 为什么那么喜欢「啾噜」的猫零食？

★啾噜：日本品牌的流质猫零食。

猫咪最喜欢的是"黏稠浓厚的液体"。因此猫咪理所当然地喜欢有着这种口感的"啾噜"的零食。猫咪在吃之前会闻一闻气味，所以这种零食的味道应该也很有魅力。顺便说一下，猫咪最喜欢温度在37℃左右的食物。

猫的本心

因为这是猫咪最爱的浓稠口感，还有好闻的气味。

27 露出獠牙、发出「嘶」声是什么意思？

猫叫大致分为两种——邀请对方的友好声和吓退对方的威吓声，"嘶"声是后者的一种。猫的威吓有时候盛气凌人，有时候则偏弱，偏弱的威吓可能是因为猫咪在犯困或者害怕。

> **猫的本心**
> 害怕的时候发出的威胁对方、使之远离的声音。

28 为什么猫咪能在防猫刺垫上安然入睡？

柔软的猫咪能毫不费力地将身子挤进凹凸不平的地方，还能将身子挤进各种形状的容器里。有个法国研究者发表了一篇名为"猫既可以是固体，又可以是液体"的文章，还因此获得了诺贝尔物理学奖。

猫的本心
柔软的刺又不怎么痛，而且猫的身体很柔软。

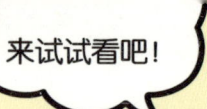

来试试看吧！

测测猫咪的野性度

START!

摇逗猫棒的时候

- A 只是长时间盯着看
- B 立马飞扑过去
- C 多数不感兴趣

A → 与逗猫棒玩的时候　B → 大半夜来回跑　C → 在高处

与逗猫棒玩的时候

- A 直接咬住，或直接叼走
- B 继续玩，还会“拿过来”

A →　B → 大半夜来回跑

在高处

- A 经常
- B 不经常

A → 大半夜来回跑　B → 露出肚子睡觉

大半夜来回跑

- A 经常
- B 不经常

A →　B →

露出肚子睡觉

- A 经常
- B 不经常

A → 拉完就跑　B → 大半夜来回跑

拉完就跑

- A 经常
- B 不经常

A → 大半夜来回跑　B →

*拉完就跑→参照p19

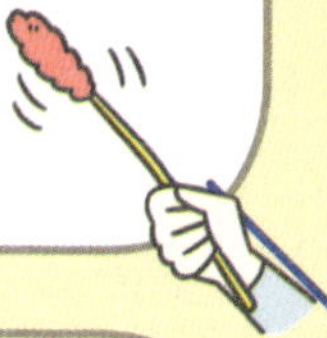

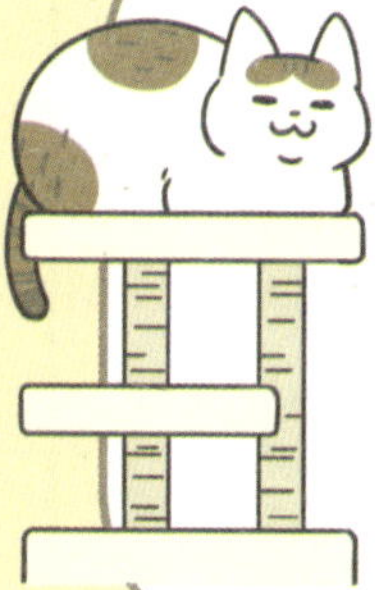

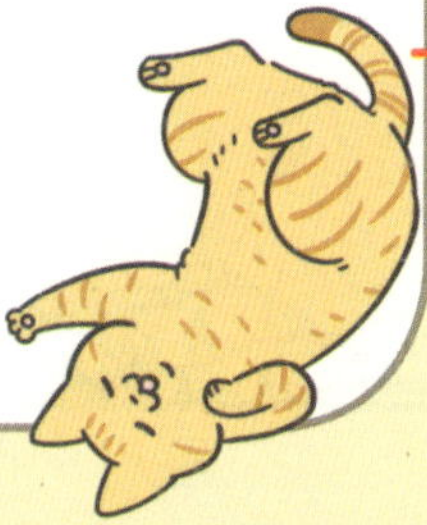

野性、神秘，或者可爱，都是猫咪的魅力。你家的猫咪属于哪种或者说是哪派呢？

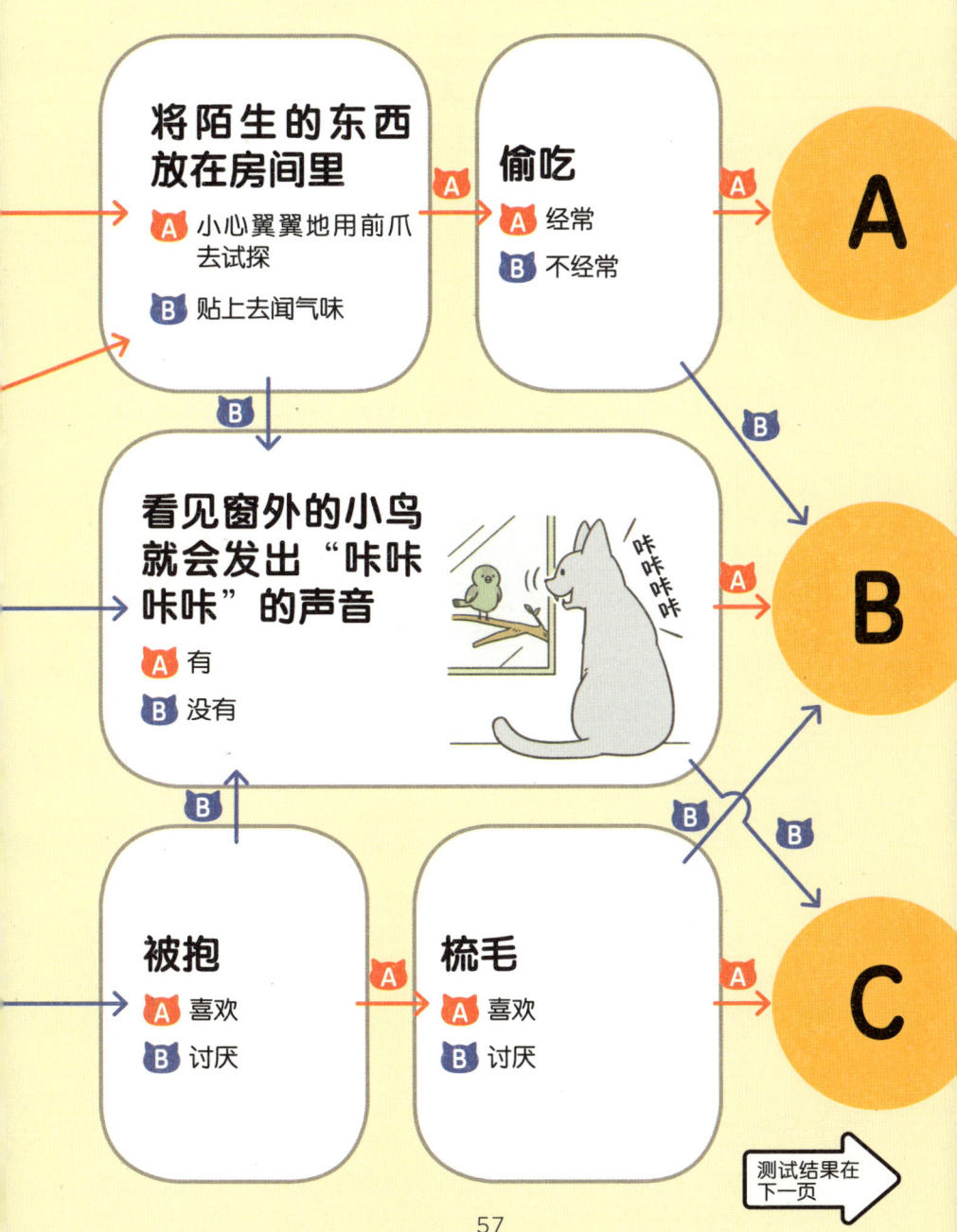

野性度测试结果

野性度 80% 沸腾着猎手血液的野性猫咪

你家爱猫充满了猫咪原始的野性。为了满足它狩猎的本能，每天用逗猫棒尽可能地跟它玩吧，否则它可能会飞扑到你身上！

A

野性度 50% 突变的双面猫咪

猫咪刚才还老老实实的，突然像打开了开关似的，露出惊人的野性。撒娇的一面与野性的一面并存是现代家猫才有的特征。

B

野性度 20% 少爷小姐型

你家爱猫是将野性抛到九霄云外的典型少爷小姐型，无忧无虑地活着真是幸福。它在野外是生存不下去的，要小心它跑到屋外去哦。

C

第 2 章

可爱是与生俱来的

第 2 章 可爱是与生俱来的

露出作为弱点的肚子，对狗狗来说，是表示服从的意思；但对猫咪来说，这并不表示服从。猫咪和狗狗露出肚子所表达的意思完全不同。比如猫咪们打架的时候，处于下风的猫咪就会仰面躺下迎击对手。仰面躺下的姿势虽然有将弱点暴露在外的不利之处，但也有四肢能同时抓、踢的有利之处。

处于下风并打算仰面躺下的猫咪会一直盯着对方，头朝下，慢慢将身子横躺，扭过身子形成仰面朝上的姿势。在猫看来，"生气的主人"是正在威胁自己的敌人，它要采取反击的姿势表示对抗，这与服从的意思是完全相反的哦。

然而，在猫咪做出这个姿势时，主人通常会觉得太可爱而不再去责备，猫咪则记住了以后"一旦要被骂了，就用这个姿势"。也有可能是猫咪觉得"主人一旦觉得要被反击，就变成了停战的胆小鬼"。

猫的本心

要打架的时候，仰面躺着是反击的姿势，准备拳打脚踢大打一架。

这么可爱真不好意思……

第 2 章 可爱是与生俱来的

小猫咪在吸吮猫妈妈的乳汁时，会本能地踩揉乳房，以便猫妈妈能更好地分泌乳汁。即使猫咪长大了，如果触碰到像猫妈妈肚子似的温暖又柔软的东西，就会不自觉地做出"踩奶"的动作。有的猫咪还会一边"踩奶"，一边吸吮毛毯，仿佛回到了幸福的小奶猫时代。

小猫咪大概在三周时长出乳牙，猫妈妈在喂奶时也会感觉到疼痛。这时小猫咪差不多可以断奶，吃固体食物了。虽然小猫咪还是会想吮吸母乳，但就算再有忍耐力的猫妈妈也会在小猫咪八周大左右开始强行断奶。较早断奶且没有"被猫妈妈拒绝"经验的小猫咪，即使成年后也会经常做"踩奶"的动作。

大概是还没从撒娇的小猫咪状态中走出来吧。

猫的本心

"踩奶"是吸吮乳汁时的动作，会让猫咪感受到儿时喝奶时的幸福感。

第 2 章 可爱是与生俱来的

我们发现，猫在人身上蹭来蹭去的撒娇行为多发生在吃饭前，吃饱后这种行为就会骤减。人们于是怀疑自己是不是被猫利用了。实际到底是怎么回事呢？只需回顾猫被驯养的历史就能明白。

包括猫在内的宠物都是"家畜"的一种。家畜是为了方便人类生活而驯养的野生动物。猫确实是作为家畜被饲养着，但较之其他家畜却又特立独行。比如猪，是人类到山上捕捉后，带回来饲养、驯养而成的。然而，猫是人类开始耕种农作物后，自行聚集到人类周围的。因为能捕捉老鼠而被人类当成宝贝，加之长得可爱，人类开始投喂食物，慢慢又开始在家里饲养。总而言之，猫并不是人类强制饲养，而是它们自行变成家畜的。既能得到人类的保护又可以获取食物，对于猫而言，人类是非常合适的"工具"，所以它们才会待在我们身边吧。

猫的本心

回顾猫咪变成宠物的历史，果真如此。对猫咪来说，人类只是『用着十分顺手的工具』。

第 2 章 可爱是与生俱来的

猫妈妈一次能产下四只左右的小猫咪,它们的大小、生命力都各不相同。小猫咪能否一出生就抢到出奶好的乳头,决定了它们今后的成长状况。

通常。猫咪有八个左右的乳头,从胸部到腹部左右依次排列着四个。比起胸部,腹部的乳头出奶更好。最先抢到腹部乳头的小家伙,可以在之后的一段时间独享好奶水。因为如果每次吃奶时,小猫咪都为了乳头而争抢,就会消耗体力,这对它们来说十分不利。所以,每只小猫都会在专属的乳头上沾上自己的气息作为标记。如果猫妈妈的肚子被清洗过,小猫咪们就会分不清自己的专属乳头,再一次发生"夺乳大战"。

生来就强壮的小猫咪比其他小猫咪力气大,能先抢到腹部的乳头,从而变得更为强壮。因此在出生后,兄弟姐妹间的排名能一直持续到它们自立为止,这真是个相当残酷的世界。

> **猫的本心**
>
> 小猫咪在尚未睁眼时就已有了排名。好乳头都是为强壮的小猫咪准备的。

33 猫咪睡着后，为什么身体会抽搐？

猫咪和人一样，会在一个睡眠周期内交替出现 REM 睡眠和非 REM 睡眠。REM 睡眠时，大脑处于活跃中，眼球会快速转动，同时身体会时不时地抽搐。而且，猫咪在 REM 睡眠时也会做梦。

猫的本心

身体处于睡眠状态，大脑依旧活跃的时候叫『REM 睡眠状态』。

34 为什么睡姿像跪在地上道歉一样?

猫咪对光线的敏感度是人类的六倍。人类闭上眼睛,透过眼皮也能感受到光,而猫咪的这种感受只会更强。所以,在白天或者灯光很强的房间里,猫咪们会埋着头,或者用爪子挡住眼睛睡觉。

猫的本心

当光线很强时,这种睡姿不会让猫咪觉得晃眼。

35 到家就看见猫咪蹲在门口,它在等我吗?

在 p13 已经提到过,猫咪的听觉十分敏锐。**主人到家时,一旦听到了主人的脚步声或者车的声音,** 猫咪就会奔向门口,目的是确认即将进入自己领地的人是谁。所以大可放心,猫咪并没有在翘首期盼你的归来。

猫的本心
只是听到了主人特有的脚步声或者车的声音。

36 猫咪歪着头,是在想问题吗?

在 p31 说过,猫咪的视力并不好。再加上胡须垫刚好挡住视线的正下方,形成了视觉盲区。因此,在第一次看到新奇的东西时,猫咪就会歪着头,改变视线的高度,从其他角度进行确认。

猫的本心
看到不太熟悉的东西,会歪着头确认。

37 猫能分辨出主人的声音吗?

有人说,猫咪会分辨出两年未见的前任主人的声音。某宠物食品公司做了一个实验,录下前任主人和现任主人呼唤猫咪名字的声音,并让猫咪听,猫咪明显对前任主人的声音有反应。简直太感人了!

猫的本心

对于听力好的猫咪来说当然可以。也有猫咪能听得出两年未见的前任主人的声音。

38 拍拍腰就会开心

腰是包括生殖器在内的神经集中敏感部位。因此，刺激腰部会让猫咪有快感。有些猫咪会兴奋得将尾巴立起来晃动或者流口水，但是也有猫咪讨厌被触碰腰部。不是所有的猫咪都喜欢被触碰腰部。

猫的本心

腰是敏感区，因此有些猫咪喜欢被触碰，但也有猫咪讨厌被触碰。

第 2 章 可爱是与生俱来的

猫咪在开心的时候会发出咕噜咕噜的声音，这原本是小猫咪向猫妈妈传递的满足信号。小猫咪在吮吸母乳时发出咕噜咕噜的声音，仿佛在向妈妈表达"我很满足，在茁壮成长哦"。咕噜咕噜是小猫咪吸奶时最方便发出的声音。

这个咕噜咕噜的声音不仅用在表达喜悦上，还用在其他的需求上，其中之一就是"要求"。英国的研究小组发现，表达要求的咕噜咕噜声较平常的声音更高，频率与人类婴儿的哭声一样，会让听到的人产生一种"赶紧听听它所求"的念头。

猫咪能一边发出咕噜咕噜的声音，一边喵喵叫。"高频率的咕噜咕噜 + 烦人的叫声"，让人们无法抗拒。即便是没有养过猫咪的人，听到了这种叫声组合，也会坐立不安。

我们都被猫咪发出的咕噜咕噜声巧妙地利用了。

猫的本心

与人类婴儿哭声一样，高频率的咕噜咕噜声，可以让人乖乖听话呢。

40 猫咪的治愈效果真的能延年益寿吗？

只要接触过猫咪的人都能切身感受到猫咪的抚慰效果。实际的统计数据也证实了这一点。

在美国，一项由四千多人参与的调查表明，养过猫的人比没有养过猫的人，患心肌梗死与脑中风的危险系数要低 37%。心肌梗死与脑中风的发生都与压力有关，由此我们可以认为，猫咪在舒缓压力上起到了至关重要的作用。而且，当抚摸猫咪柔软又温暖的身体时，我们身体会分泌一种使自己产生快乐情绪的激素，即一种催产素，有安神的功效。所以，养猫确实有助于延年益寿。

猫咪具有如此多的安抚效果，不仅仅只是人类得益，猫咪也得益。如果主人几天都不跟猫咪说话，也不抚摸猫咪，猫咪就会感到有压力。总之，在相互信赖的相处关系里，猫咪也觉得被人类爱抚无比幸福。搂着毛茸茸的猫咪相互安抚，没有比这更开心的事了。

猫的本心

与猫咪一起生活不仅可以舒缓压力，还能降低生病的概率。这都是好事哦，感谢我们吧！

第 2 章 可爱是与生俱来的

在猫咪的世界中，对公共场所的使用权讲究"先到先得"。就算是位高权重的猫咪，也不能霸占其他猫咪优先得到的位置，这是猫界的基本礼仪。我们在养猫的家庭中，经常可以看到，猫咪坐在主人的椅子上，主人却无位可坐。这时如果强行将猫咪赶下来，就会被猫咪认为毫无礼仪。

人类之所以这么宠溺猫咪，或许是受到了精神控制吧。甚至有人认为，猫咪就是利用这种精神控制征服了全世界。听起来非常有意思吧。

> **猫的本心**
> "先到先得"，这是猫界的规则。猫咪并不会觉得它们被优待了呀。

42 公猫喜欢女性，母猫喜欢男性？

第 2 章 可爱是与生俱来的

很多猫咪喜欢挨着异性主人,原因可能与性外激素有关。猫咪能通过闻性外激素判断对方的性别。当然人和猫的性外激素是不一样的,但有可能大致成分是相同的。与易被异性猫咪吸引一样,猫咪也有可能易被异性人类所吸引。

有调查表明,不管是公猫还是母猫,都更容易与女性主人性情相投。女性比男性更容易喜欢上猫咪,她们对猫有特殊的情感。有些女性觉得,比起男朋友,养的猫咪更能理解自己,甚至她们更喜欢跟猫咪待在一起。在一项关于人类抚摸猫咪时脑内血流反应的调查中发现,女性比男性更能感受到强烈的喜悦。

莫非有了猫就不需要男朋友了?

> **猫的本心**
>
> 人和猫虽然物种不同,但在性外激素的作用下,或许异性之间更具吸引力。

就算只是看着照片或者视频,也能享受到与 p77 所说的同样的安抚效果。2016 年,美国的一项调查结果显示,当人们疲于人际关系或者遭受挫折后,大多数人只要看到猫或狗的照片就能改善情绪状态。据说看完猫咪的视频后,人会变得更乐观。

另外,日本广岛大学的研究数据显示,看完小猫小狗的照片后,人们的注意力变集中了。比如完成镊子夹小东西这种需要高度集中注意力的工作,效率提高了 44%。可能是因为人们看到这种可爱的小动物后,产生了"更想看它、了解它"的念头,因此集中了注意力,进而将这种注意力带到工作中。在工作或学习的间隙,看一看猫咪的视频,实际上是一个好的放松方式。

顺便说一句,猫咪对电视上或者电脑上移动的东西反应很大,这是因为它们不擅长区分虚拟世界和现实世界。这种反应与它们见到镜子里的自己的反应是一样的。

猫的本心

看猫咪的照片或视频也能起到安抚效果,可以让人变得乐观,并提高注意力。

一直看停不下来……

44 面对猫咪无情的态度，人们为什么不会厌烦？

在人与猫的关系中，**猫咪常占主导地位**。人和猫的互动能否成功，取决于猫咪是否想被"撩"，人主动去"撩"猫往往成功率不高。有统计表示，不管能不能"撩"到猫，人的宠爱不变。这是否算是猫奴本质？

猫的本心

能否『撩』到猫取决于猫咪想不想。即便如此也依旧喜欢猫的话，那就是真爱了。

45 对猫咪的爱太深了,好可怕!

英国的调查显示,**人们对猫咪的爱会与日俱增,特别是养猫两年后会急速增长。**为什么是"两年"至今还无明确解释,可能是猫咪过了调皮期,开始安静下来的缘故吧。总之,以后的爱会越来越深……

猫的本心
对自家猫咪的爱会与日俱增哦。

今泉老师的点化之课

喜欢猫的人有什么特点？

2010年，以美国得克萨斯州大学为中心，在对多达四千多人进行的大规模性格测试中显示，养猫的人比爱狗的人更内向与神经质。不知为何，这也与猫咪的性格相符。由此可以推断出，人们会喜欢与自己性格相近的宠物。

美国卡罗尔大学在对学生进行调查后发现，养猫的人比养狗的人智商更高。这可能与养猫的人喜欢宅在家里读书有关。

第 3 章

猫的世界也挺复杂

46 为什么喜欢闻屁股？

亲密的猫咪会通过碰鼻子来打招呼。"对对，就是这个气味"或者"啊，你刚吃了什么好吃的了"，一是为了确认对方身上是否具有自己熟知的气味从而更放心；二是为了获取对方身上的情报。闻过鼻子之后就是互闻屁股了，猫咪可以通过闻屁股得知对方的健康状况或是否处于发情期。

只是，将屁股朝向对方是让自己处于毫无防备状态的姿势，因此只有地位高的猫才可以闻地位低的猫。地位低的猫咪先闻了对方屁股，或是在没有经过碰鼻子打招呼前就先闻了屁股，都是不遵守规则的行为，可能要被攻击的。

特别是公猫，总想闻母猫的尿味。尿味里含有性信息，公猫可以知道母猫是否发情，甚至有些公猫会将鼻子浸在母猫的尿液中去闻气味……就算是绝育后的公猫，脑子里依旧还是有公猫的特性，是不会改变追求母猫的本性的。

> **猫的本心**
>
> 尿味中包含了很多信息，公猫最爱母猫的尿味！

第 3 章　猫的世界也挺复杂

虽说"猫咪是会隐藏排泄物的动物",但其实也有例外。有的猫咪会把有标记作用的便便故意留在醒目且容易扩散气味的高处。

猫咪是独居动物,领地的一部分难免会与其他猫咪的领地重叠。所以,代表领地主权的便便大多出现在公共场所,用气味来主张"这里是我的领地"。特别是某块区域的猫老大就不会隐藏便便。在公共场所会隐藏自己便便的猫咪都是为了躲着猫老大。家猫如果没把便便藏起来,那就可能是它觉得"我是比主人地位更高的猫老大"。

顺便说一句,公猫的便便很臭,而且随着年龄的增长,会增加一种特殊的气味。根据体型的不同,气味中的脂肪酸组成也不太一样。因此,猫咪通过闻便便的味道就能得知对方的性别、大概的年龄和体格等信息。

猫的本心

猫老大不会隐藏自己的便便,反而用气味来标记自己的领地。真是把便便有效利用了呢。

天下第一

48 拿头蹭对方的头，是在攻击吗？

第 3 章 猫的世界也挺复杂

猫咪喜欢用头去蹭对方的头，这是一种表达爱意的寒暄方式。猫咪的额头上有散发气味的气味腺，所以亲密的猫咪会相互顶头、蹭脸颊或互蹭身体的侧面来交换气味。猫咪一遍遍用力地蹭着对方，仿佛是控制不住自己"喜欢你，喜欢你"的感觉。

顺便说一下，双方寒暄时，地位低的猫咪会先将尾巴竖起来渐渐靠近对方。就像想要得到猫妈妈宠爱时，小猫咪将身子蹭过去一样，地位低的猫咪会慢慢将身体蹭向猫老大。地位高的猫咪一动不动地让对方蹭过来，有时还会像猫妈妈一样舔对方的屁股。

如果猫咪对人类也竖起了尾巴，将头部或者身体蹭过来，可能就是把人当作猫妈妈或猫老大了吧。有些猫咪会站起来拿头顶着对方，那是因为它们想尽可能地用自己的头蹭到对方的头。

猫的本心

用头蹭对方是猫咪表达「我很喜欢你」的方式，想将自己额头气味腺上的气味移到对方头上。

有小麦的气味

第 3 章 猫的世界也挺复杂

帮其他猫咪舔毛基本上是示爱行为。面对讨厌的猫咪，别说舔毛了，连靠近都不让。不过，在示爱的舔毛行为里也夹杂着相当复杂的感情……

英国和荷兰的大学在对家猫做了调查后发现，在猫咪的世界里，觉得自己地位高的猫咪才会对地位低的猫咪"身在曹营心在舔毛"。在舔毛的时候突然咬住对方等攻击行为出现的概率是35%。

从这件事可以看出，舔毛是为了分散自己想攻击对方的替换行动（p43），也可以说是为了证明自己的优越性。在舔毛的时候，很多猫咪会将对方的胡子咬掉，这也是强调自己地位高的方式之一。在养着很多只猫咪的家中时不时会出现"胡子短的猫咪"，这可能就是在舔毛时被强势的猫咪咬掉的。

> **猫的本心**
>
> 就算是亲密猫咪之间的舔毛，也会表现出『谁是老大』。

第 3 章 猫的世界也挺复杂

如 p79 所述，猫咪对公共场合位置的争夺，基本上是先到先得。就算是猫老大中意的地方，也不能赶走先占到地儿的猫咪，猫老大得一直在旁边等到地儿空出来。如果是关系好的猫咪，可能会两只猫咪一起用同一个位置，以至于猫咪挤在一起像猫团子一样。

猫咪在小时候，兄弟姐妹间就经常会叠在一起睡觉，所以长大后叠在一起睡觉也不奇怪。只是，与小猫不同，成年猫咪睡在上层，下层的猫咪会觉得很重。如果下层的猫咪觉得无所谓，只能是因为上层的猫咪地位较高。这也是猫咪用来展示自己优越性的一种方式吧。

顺便说一下，猫咪自己的领地（p19）是不允许其他猫咪使用的。当领地的主人不在时，其他的猫咪可以暂时使用，但当主人回来的时候，其他猫咪就得赶紧离开。家养的猫咪也有专属的地方哦。

> **猫的本心**
>
> 关系好的猫咪会挤在一起睡觉，但睡在上面的猫咪都是地位较高的。

第 3 章 猫的世界也挺复杂

> **猫的本心**
> 成长的诀窍是模仿。除了猫咪之间的模仿，它们还会模仿狗狗哦。

猫咪会模仿猫妈妈的动作，并学会怎么做，特别是如何得到食物，如何躲避危险这些关乎生死的大事记得特别牢。其实，猫咪之间也会模仿。比如，新来的猫咪经常叫，如果发现它"一叫就有零食吃"，那么原先不怎么发出叫声的猫咪也会学着开始一起叫。

"前爪蘸水舔"是一种游戏，闲来无事的家猫就会一边好奇"那家伙做的事真奇怪，好玩吗"，一边模仿着。

像这样的模仿多发生在有血缘关系的猫咪之间，但即使没有血缘关系，关系亲密的猫咪之间也会发生模仿行为。有的猫咪甚至会很认真地模仿其他动物的行为。比如，没有父母的小猫咪被狗狗带大的话，它们就会像公狗一样抬起后腿尿尿。猫咪将前爪放在门把手上试图开门，有人说这是在模仿主人开门。

第 3 章 猫的世界也挺复杂

为什么明明藏得很好的东西却能被猫咪轻易找出来?理由应该有两个。一是敏锐的听觉。猫咪就算没亲眼看见,也能凭声音知道东西藏在了什么地方;二是人的视线。2018年发表的研究结果显示,70%的猫咪能凭人的视线发现藏起来的食物。人会不自觉地瞟一眼藏食物的地方,多数的猫咪能凭这个动作立马意识到"啊,那里应该有什么东西"。

猫咪们会一起看向藏有食物的地方。表面上看,好像是注意到这个秘密的猫咪告诉了其他猫咪。但其实是因为那只注意到秘密的猫咪一直盯着某个地方看,其他猫咪发现这个反常行为后,也会敏锐地察觉到异样而盯向那个地方。猫咪并不像人类是靠语言来传递消息的。

但也有研究表明,猫妈妈给小猫们带回来的猎物大小不一样时,它呼唤小猫们的声音是不一样的。或许说不定真的有猫语……真让人浮想联翩。

> **猫的本心**
>
> 藏完东西后,人会因为担心而下意识地瞟一眼,这个动作会立马被猫咪捕捉到。当然,声音也是一条线索。

悄悄话

猫咪打架的时候，如果平躺下一动不动就是"投降"的信号。只要这个信号一出，胜者就不会继续攻击。胜负决定了猫咪之间的地位，失败者会躲着胜利者，不做无谓的挣扎。乘胜追击、伤害对方，也不能让获胜方获得更多的利益，反而有可能伤到自己，因此获胜的猫咪不再追击。

如果猫咪之间不顾这样的准则经常打架，猫主人就应该考虑是不是有其他原因。比如，在狭小的空间内，养了太多的猫咪。

猫咪本来就是独居的动物。如果不能跟其他猫咪保持一定距离就会产生心理压力。像猫爬架那种能够利用纵向空间的玩具，对于舒缓猫咪压力来说，是非常有效果的。有数据表明，在养了很多只猫咪的房间，放置一个猫爬架能增加猫咪自由活动的空间，进而减少猫咪之间的争斗。

猫的本心

乘胜追击可能会使自己受伤，高风险又低回报，所以只要定了胜负就OK了！

我输了

54 猫咪为什么聚在一起？

第3章 猫的世界也挺复杂

除了关系好的亲戚之外，野猫一般都小心翼翼地尽量不去接触其他的猫咪。如果无意间碰到了，也会当作不认识，等着对方擦肩而过。当然有时也会一反常态，几只猫咪聚集在一个地方（人们称之为猫咪聚会），而且这种聚会肯定发生在夜晚。

聚会的目的并不明确。据说有时是领地重叠的猫咪之间相互认个脸熟悉熟悉，有时是为了交换情报，有时则是像相亲一样寻找心仪的异性。聚会中的猫咪一般都保持一定的距离并且一直安静地坐着，真好奇它们是怎么进行交流的。

生活在同一个家庭里的几只猫咪，只要不是亲戚关系，大部分的时间都是独自度过的。因此，它们也有可能会时不时地聚个会。

猫的本心

一向独来独往的猫咪，有的时候会聚在一起进行交流。至于目的嘛，那就是猫咪之间的秘密了。

无异常情况

第 3 章 猫的世界也挺复杂

猫咪基本上是独来独往的,自古以来就被认为没有"孤独"这一情感。因为有了"孤独"的情感,就意味着无法独自生活。然而猫咪对领地内的变化极其敏感。每天在一起的同伴若是不见了,猫咪会认为事态十分严重,甚至会出现健康和行动的异常。

在新西兰的调查中,经历过同伴死亡的猫咪中有 46% 出现了尿失禁(尿在厕所外)。除此之外,频繁叫唤的猫咪占 43%,到同伴经常去的地方的猫咪占 36%,食量减少的猫咪占 21%。看了这一数据,不得不承认猫咪也是有"孤独"这种情感的。

众所周知,狗狗喜欢群居生活,彼此之间的关系紧密,当主人或者同伴离开时,它们就会精神不振,出现分离焦虑症的症状。一贯独立的猫咪一般不会出现这样的症状,但最近这种情况出现了变化,可能与像小猫一样爱撒娇的家猫越来越多有关系吧。

猫的本心

同伴不在了,可能会做出尿失禁,或者到处去寻找同伴的行为。

56 猫的世界里有欺凌现象吗？

第3章 猫的世界也挺复杂

猫老大和被欺凌的猫这两个角色,在猫群中并不一定是必然存在的。在家庭中,猫最常看到主人就相当于猫老大,其他猫咪是平等的。但是,猫咪的数量一多,为了避免混乱,就需要清楚地区分出地位的高低。如此一来,之后的碰面才能避免不必要的争斗。

在集体中,究竟是成为猫老大还是沦为被欺凌的猫,跟猫咪们的性格、性别、血缘关系、绝育情况都有关系。就算身强体壮的公猫,如果胆子很小也会变成被欺凌的猫咪。猫咪在经过绝育手术后,公猫的攻击性会下降,母猫反而会占据优势。原本与世无争的猫咪为何会欺凌特定的猫咪,原因并不清楚,或许是因为嫉妒它独占了主人的宠爱吧。

> **猫的本心**
>
> 在同时养着很多只猫的情况下,主人的偏心可能会导致某只猫咪被欺凌。

块头大 ≠ 胆子大

第 3 章 猫的世界也挺复杂

野生的公猫们是不可能成为好朋友的。因为彼此是争夺母猫的情敌,特别在发情期,战斗就会更加激烈。

然而,绝育后的公猫会中性化,很多公猫会一直保持着幼猫时期的兄友弟恭的感情。根据美国加利福尼亚大学教授的研究,绝育后的公猫中有80%~90%不会再打架了,因为绝育手术抑制了激发攻击力的睾酮素(雄性激素的一种)的分泌。

其中也不乏一些猫咪的关系超越单纯的友爱。比如被母猫拒绝交配或者在没有母猫的环境中,绝育后的公猫就会将原本对母猫有的性冲动转向比自己年轻、个头小的公猫。

猫的本心

很多绝育后的公猫关系都很好,甚至会出现类似同性恋的行为。

58 猫老大让出食物是因为大度吗？

第3章 猫的世界也挺复杂

　　成年猫一般对小猫都很温柔。成年猫之间动不动就相互示威，但它们绝不会去欺负小猫，最为明显的表现就是在进食的顺序上。在猫群里，最先进食的是小猫，其次是成年母猫，最后是成年公猫。成年公猫里最先进食的是猫老大。

　　父母让自己的孩子先吃饭是可以理解的，但就算不是父母，也会让小猫先吃饱，这就一点都不像自私自利的猫咪了。或许猫咪们下意识地想守护在猫群里或多或少有点血缘关系的后代吧。

　　顺便提一下，以前有这么个定论，说公猫只负责交配，之后的育儿绝不插手。但是最近的调查研究显示，成年公猫也会有守护母猫的行为，如动物园里的公猫会将粮食搬往育儿中的母猫的巢穴。可能是粮食丰富的环境中，一直以来深藏的父亲本能被唤醒了吧？

猫的本心

让小猫先吃饭是猫界的规矩。成年公猫最后才能进食。

忍耐……

59 猫的世界里,生殖竞争激烈吗?

第 3 章　猫的世界也挺复杂

发情期的母猫散发着非常强烈的体味，这种味道可以扩散至几百米外，甚至可以将平常不在当地活动的公猫也给吸引过来，以便它们能从聚集起来的大量公猫中挑选交配对象。这是一种基因择优体系。

母猫的聪明之处在于，它们择偶时不会固定对象，而是会与数只公猫交配，并同时产下不同父亲的小猫，甚至曾有五只同胎出生的小猫各有一个猫爸的例子。这就是所谓的"重复妊娠"。对于母猫来说，这有利于增加后代基因的品种。值得注意的是，就算交配成功，母猫体内的精子之间的争夺战也可能十分激烈。

顺便说一句，比起精力旺盛的年轻母猫，上了年纪的母猫更具魅力哦。公猫体格越大，在猫群里获胜的概率越高，而母猫则是越有育儿经验，后代存活下来的可能性越高。

> **猫的本心**
>
> 围绕着一只母猫，多只公猫为爱而战。交配后的生殖竞争更加激烈。

测测你与猫的恩爱度

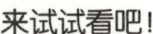
来试试看吧!

START!

呼唤猫咪的名字
- **A** 看你的脸，或走到你身边
- **B** 无视，或者只是摇摇尾巴

晚上，猫咪睡觉的地方

- **A** 身边
- **B** 离得很远的地方

在你上厕所或者洗澡的时候，猫咪会
- **A** 跟过来，并试图打开门
- **B** 不去特地做什么

猫咪有没有竖起尾巴慢慢接近

- **A** 经常
- **B** 不经常

猫咪有没有舔你的手
- **A** 有
- **B** 没有

一直看猫咪的眼睛，猫咪会
- **A** 视线转移
- **B** 一直盯着，并慢慢靠近

只要在一起就很幸福,即使是"单相思"也没关系。但还是会在意它的感受……

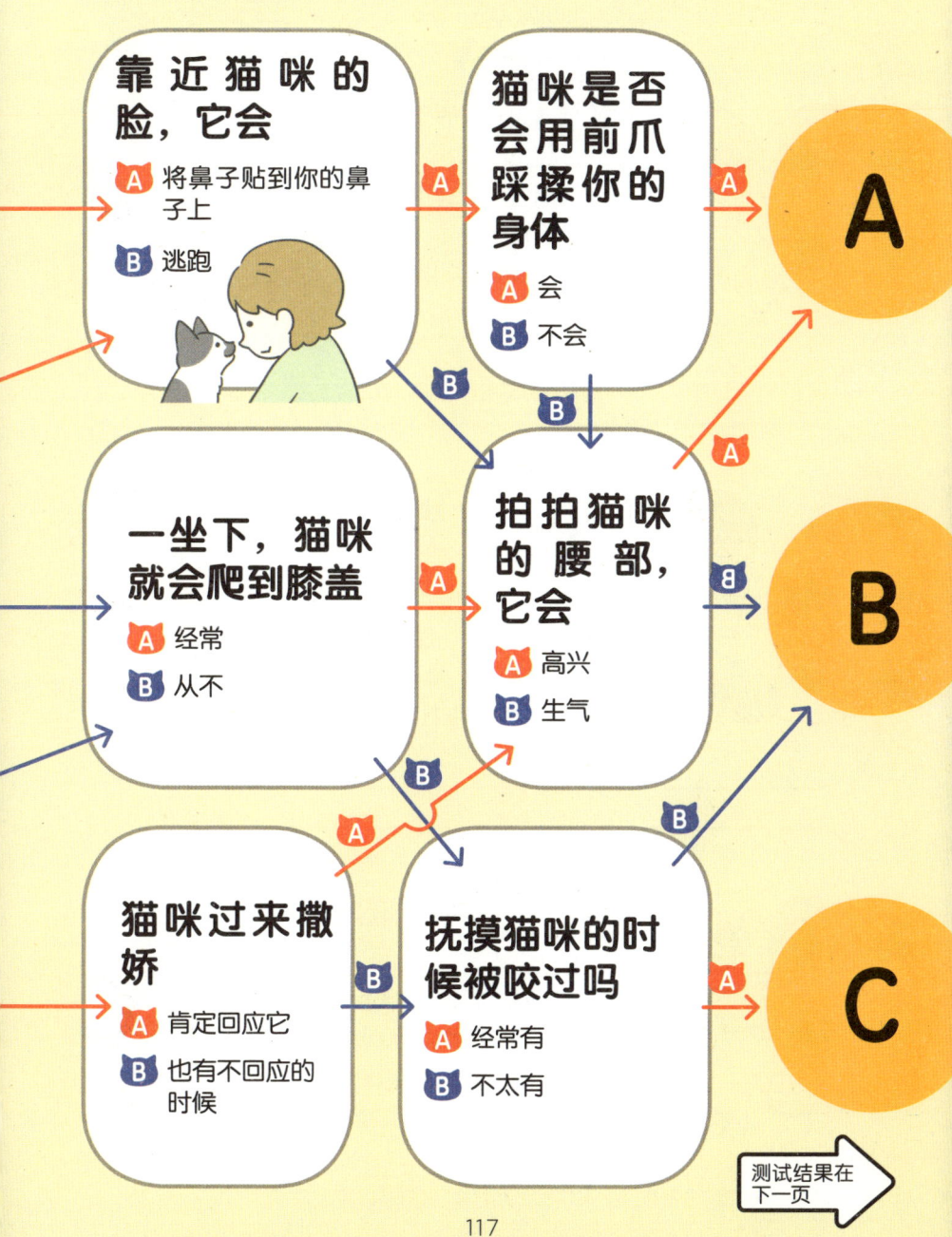

恩爱度测试结果

恩爱度 100%　相亲相爱幸福奖　A

你和爱猫之间就像恋人一样。但说严重点，这容易让猫咪患上分离焦虑症（p107），因此最好让别人也多亲近它，这样比较放心。

恩爱度 70%　十分幸福奖　B

你与爱猫的关系是一种非常轻松的朋友关系，是既保持一定的距离，又能相互接触的理想关系。建议在一起的时候，偶尔也用新玩具来刺激一下猫咪，增进你们的感情。

恩爱度 40%　单相思的努力奖　C

你对爱猫的感情没有传达到位。或许它是一只警戒心非常强的猫咪吧……建议采取以退为进的战略，默默守护着它，当它需要被宠爱时再去关爱它。

第4章

不是故意招人烦

60 为什么会在刚刚打扫完的猫砂上尿一点点？

第 4 章　不是故意招人烦

主人刚打扫完厕所,猫咪就跑来尿尿,可能是因为它们不喜欢用脏厕所,所以一直忍着没排泄。但是,若猫咪只是尿了一点点,那它可能只是为了做个记号。

特别是好几只领地意识特别强的猫咪一起生活的话,一旦见到新的领地(换了猫砂),它们就会来做记号。这个时候,膀胱里有很多尿的话就会尿很多;膀胱里只残留一点的话,就只尿一点;极端的话,就算膀胱里一点都没有,也会做出排尿的动作,当作是在做记号。做记号是种本能反应,跟有没有尿没有关系。

同样的,经常可以见到猫咪磨爪子。磨爪子也是本能,这可不是演戏哦。

猫的本心

一是想在干净的地方尿尿,二是如果和多只猫咪一起生活的话,就会想抢先一步做记号。

这是我的厕所!

第 4 章 不是故意招人烦

养过猫的人都知道,猫咪不喜欢用脏厕所,它们宁愿在其他地方排便也不愿意使用脏厕所。

实验人员详细验证了这个说法的真伪。他们准备了各式各样的厕所,调查了猫咪的使用率。不出所料,猫咪最喜欢的是干净的厕所,越脏的厕所越厌恶。

实验还有意外的发现。比如,将猫屎模具放进厕所,猫咪也会露出一样的嫌弃神情。真的猫屎是有气味的,猫屎模具并没有,但是猫咪却表现出同样程度的讨厌。这是因为,对猫咪来说,猫屎的气味并不是多大的问题,而是猫屎这个物体本身让它们十分讨厌。试想,猫咪为了收集情报,还会特地去嗅排泄物,并不会嫌弃气味。相比之下,它们更讨厌与排泄物本身接触吧。

猫的本心

并不是为了故意招人嫌,只是单纯地讨厌脏厕所。

第 4 章 不是故意招人烦

前文提到过，由于主人离开而产生精神不安，从而患上分离焦虑症的猫咪在不断增加。美国 2002 年发布的数据显示，患有分离焦虑症的猫咪中有 70% 出现了尿失禁，75% 的猫咪会在主人的被子上尿尿。之所以在被子上尿尿，可能是想将主人的气味与自己的气味混合在一起从而更安心。

比起与主人分别三十分钟，猫咪与主人分别四小时之后再见面时，喉咙里发出的咕噜咕噜声会更多。而且与平常吃饭中表示"快点开饭"时发出的咕噜声不一样，这是它们请求与主人交流的声音。猫咪总是给人一种很酷的独来独往的感觉……其实它们对主人的依赖超乎想象。

猫的本心

可能是太喜欢主人的猫咪在主人不在家，感到寂寞时，寻求主人气味的结果。

第 4 章　不是故意招人烦

猫咪在上厕所时遭受心理创伤，就会不愿意上厕所了。比如在上厕所的时候，突然被巨大的声音惊吓到，就会认为"厕所是可怕的地方"并开始躲避。动物在受到强烈的刺激后，会对当时周围所有的东西都产生恐惧。人类也一样，在遭遇事故后，如果身心都受到了伤害，再靠近事发地时就会心有余悸。

尿失禁有可能是疾病的诱因，武断地认为"尿失禁 = 心理创伤"是非常危险的。建议只有在实在想不到其他原因的时候再怀疑是不是心理原因。如果是心理创伤引起的尿失禁，试着换个其他形状的猫砂盆，或者把新猫砂盆放在远离以前厕所的地方，或许可以改善。

同样，如果猫咪吃完饭后拉肚子，就算不是因为食物原因产生的腹痛，猫咪也会从此不再吃这种食物。一旦发现猫咪突然无理由地不进食，就该考虑是否跟心理创伤有关。

猫的本心

上厕所时可能经历了什么可怕的事情。精神创伤也会引发猫咪尿失禁。

64 带着猎物回家是想送主人礼物？

母猫会将猎物带到小猫面前,教它们如何狩猎。比如,将猎物带到小猫面前吃掉,教导它们"这是食物";把濒死的猎物带给小猫,教它们狩猎方法。

将猎物带到主人面前,或许是习性使然,猫咪将主人当成了小猫,尤其是母猫常有这种举动。将体积比自己大很多的人类当成小猫,真是匪夷所思。有强烈育儿欲望的母猫会像叼小猫一样将成年猫的后脖子叼起来,或者给成年猫带猎物回来。这些举动满足了母猫的欲望,但多多少少有些强人所难。

国外有一种销量很好的猫项圈,可以减少猫咪带"礼物"回来的频率。猫咪戴上这种颜色鲜艳的项圈后,带回鸟类、蜥蜴的概率就会减少50%,但是对老鼠无效。因为鸟类和爬行类才对彩色有视觉感应,而老鼠作为夜行性的啮齿类动物,对颜色的辨别能力较低,注意不到戴上了鲜艳项圈的猫咪。

猫的本心

可能是把自己当成了猫妈妈,正在教导不会狩猎的小猫。

第 4 章 不是故意招人烦

猫咪出现磨爪子的行为除了"使趾甲锋利"之外,还有其他原因。其中之一就是做记号——从肉球里分泌出来的嗅觉记号与抓痕形成的视觉记号。有时候,猫咪在家具上各种抓,只是为了留下标记,与家中是否有猫抓板没有任何关系。不过,猫咪会在做过记号的家具上重复做记号,使家具变得破烂不堪。

此外,猫咪在焦躁、兴奋的时候会靠磨爪子来发泄。刚起床时,猫咪还会将磨爪子当作早起运动。

有些猫咪甚至会在顺从者面前用磨爪子表现其支配感。似乎在警告对方:"小心,我会把你撕得粉碎。"在主人面前磨爪子也许同样是想强调自己的能力,或者是觉得主人因为不能阻止自己抓家具而苦恼的样子很有趣吧。

猫的本心

磨爪子这一动作包含了很多意思,包括在家具上留下抓痕作为标记。

第4章　不是故意招人烦

"被害记忆"到底会持续多久？答案是"强烈的被害记忆会持续一生"。特别是在猫咪五感形成的印记行为期，它们初识周围的事物，这时（出生后2～7周）的经历会深深地留在记忆中。假如猫咪在这时剪趾甲被弄疼，之后，一到剪趾甲时它就会逃之夭夭。

美国的一项实验表明：猫的记忆力比狗的记忆力更好。在排列着的大量纸箱面前，让猫和狗记住哪个纸箱里藏有食物，并记录它们的记忆力能持续多久。结果，狗只能记住五分钟，而猫则能记住十六个小时。虽说狗的脑容量更大，但结果就是这么不可思议。

人们猜想，或许与群居生活的狗相比，独来独往的猫更依赖自己的超强记忆力。一只稀里糊涂的狗，作为狗群里的一员，勉强可以生存，但一只独来独往的猫咪，如果也稀里糊涂的，是无法活下去的。它们谨慎且有深深的执念，这是独居动物必须具备的特性。

猫的本心

绝对不会忘记伤害过自己的人和事，这是在野生时期独自生活的猫咪必备的强烈执念。

第 4 章　不是故意招人烦

猫咪的后背只会朝向自己信赖的对象，绝不会朝向敌人。在野外，小猫入睡时会将自己的屁股朝向家人。也就是说，被猫屁股对着的主人是猫咪百分之百信赖的对象。

不仅转过来屁股，还露出肛门，这是小奶猫在向猫妈妈撒娇。猫妈妈会舔小猫的肛门促使其排泄，所以小猫会将"竖起尾巴，露出肛门"与"对猫妈妈撒娇"联系起来。当想撒娇时，猫咪就会竖起尾巴，露出肛门，慢慢靠近主人。

猫咪将肛门贴在主人的手上和脚上，其实夹杂着"想要留在主人身边"和"想要坐在上面"的复杂心情。野外有很多虫子，猫咪如果坐在某个物体上，至少会多些安全感。在主人身边时，如果主人的手或脚不怎么动弹，猫咪就会坐在上面，这样既不费吹灰之力又能用屁股做记号，真是一举两得。

> **猫的本心**
>
> 将后背朝向你，表示信赖。而将肛门朝向你是撒娇之意，表示开心。

"转嫁性攻击"在猫咪中很常见，简单地说就是撒气。比如说正在打架的猫咪会把怒气发泄到前来劝架的主人身上，咬上主人一口；被雷吓了一跳，又会把气撒在旁边的主人身上，再咬上主人一口。猫咪会把怒气发泄在恰巧在旁边的主人身上，甚至会混乱地认为"发生讨厌的事都怪主人"，从此以后开始讨厌主人。为避免这种困扰，主人最好在猫咪生气时悄悄躲开。

不得不救助时，主人可以先用浴巾盖住猫咪确认它看不见四周后再出手相助，这样可以有效预防猫咪的攻击。遇到猫咪打架时，主人可以先将东西扔在地上，通过巨大的响声，转移猫咪的注意力，从而有效阻止它们的争斗。为了不让猫咪误解自己，人类还是要多下功夫的。

提醒一下，被猫咪攻击后，如果主人大喊大叫，会使猫咪变本加厉。所以，就算再疼也要忍着。当主人真是太痛苦了。

猫的本心

受到惊吓后的精神压力会发泄到碰巧在旁边的主人身上。

第 4 章 不是故意招人烦

在墨西哥的一个调查中，调查人员在两个盘子里放入了不同量的猫粮，大多数猫咪都会选择猫粮量多的盘子。意大利和英国也做了一个实验，先准备两块贴上黑色标志的木板，然后让猫咪明白，如果选择标志数量多的黑色木板，就会得到奖励（食物）。果然很多猫咪都能选择标志数量多的木板。从这个实验，我们可以推断出猫咪有比较大小和多少的能力。

2009 年公布的一个实验显示，实验人员教会了一条三厘米长的鱼数数。鱼都能做到的事，猫咪没理由做不到嘛。

但是猫咪是记不住数字的。为什么这么说呢？猫妈妈在搬家时，会将小猫一只只叼去新家，而在将最后一只小猫叼去新家后，猫妈妈还会再折回去确认是否有小猫被遗忘。偶尔也会有忘记最后一只小猫的糊涂妈妈。这时候就会觉得猫咪要是能数数就好了。

> **猫的本心**
> 一眼就能看出，哪个食物的体积大，哪种食物的数量多。

当然

70 猫咪的早餐要求，只要满足一次就会让它变得任性吗？

第 4 章　不是故意招人烦

众所周知，在任性的要求被主人满足了一次后，猫咪就会记住"这样的要求是可行的"，就会反复这个行为。不是每次都有求必应，而是偶尔满足的话，猫咪的要求就会越来越强烈。这种现象被称为"间接强化"。比起"有求必应"的状态，"偶尔满足"的状态更有种奖励的意味在里面。想着"偶尔一次也行"，给猫咪准备了早饭，但对猫咪来说，就会激发"是否还会有"的想法。

顺便说一下，一半以上养着狗或猫的主人会被它们干扰睡眠。应该很多人会有同感。相反，也有专家认为和宠物一起睡能提高睡眠质量。睡前的互动能使人得到安全感，而且同一个时间被叫醒，可以使每天的作息变得有规律。就算时间短的话，只要睡眠质量好就应该没有问题……吧？

> **猫的本心**
> 就是这个道理。比起每天被满足，偶尔被满足一下会让它们催你起床的方式更加暴力。

71 饭上撒沙子是因为不喜欢吗?

第 4 章　不是故意招人烦

野生猫咪有将吃剩的食物暂时埋进土里的习惯。每当捕了很多猎物或者吃饱了的时候，猫咪就会暂时将猎物埋进土里，过后再挖出来继续吃。据说将猎物的肉埋进土里可以多储存 2～3 天。在抓不到猎物的时候，这些食物就显得尤为重要。

但是，也可能是**不喜欢那个味道**。比如，觉得"这个肉臭了不好吃"，这跟用沙子盖住排泄物的理由是一样的（p23）。猎物在外面放久了会腐烂，滋生细菌和寄生虫，引发疾病。因此这种行为能保持领地内的清洁，预防疾病。

猫咪对气味十分挑剔。依靠狩猎为生的野生猫咪也会选择喜欢的味道进食。很多时候，就算捕到鼹鼠和麻雀，猫咪也是不吃的，可能不合口味吧。因此，如果猫咪把没吃过的食物弄得一团乱，可能是觉得"这么难吃的东西怎么咽得下去呀"。

猫的本心

可能是想"存起来等会儿再吃"，也可能是觉得"好难吃，不要了"。

72 惊愕地张开嘴是因为太臭吗?

第 4 章　不是故意招人烦

猫咪还留有人类早已退化的嗅觉器官——犁鼻器。它位于猫咪门牙的后面，是气味的入口，主要用来感受弗洛蒙气味。

因此，猫咪在闻到疑似弗洛蒙气味时就会张开嘴，利用犁鼻器吸收气味。这种反应被称为费洛蒙反应。或许是因为人类的汗液和体味中的某些成分跟猫咪的弗洛蒙相似吧，猫咪在闻枕头套、袜子时都会出现费洛蒙反应。

弗洛蒙会传递其他信息，比如警戒。2014 年公布的一项实验数据表明，人类男性腋下发出的弗洛蒙可能会使很多哺乳动物产生压力。如果让老鼠闻男性穿了一晚上的 T 恤，就会引发老鼠分泌相关压力的激素并体温上升，还会出现大便失禁的现象。或许猫咪对男性弗洛蒙也会产生压力吧？

猫的本心

感觉到弗洛蒙的气味，就会张开嘴，用犁鼻器进行确认。

袜子?!

一般情况下，猫咪都是蹲着尿尿，只有在做标记的时候，才会四肢站立，朝着后面喷射尿液。这是为了能将尿液喷到尽可能高的地方，以利于气味扩散，而且尿液残留在树叶下面，不容易被雨水冲刷。这种喷射状的标记主要出现在自己领地周围，以及与其他猫咪的共有区域。当然，其他猫咪也会来共有区域主张领地的所有权和展现魅力。

有意思的是，就算有新的喷射状尿液痕迹出现，猫咪也只是闻一下，在旧有的尿液上再喷上自己的尿液，仿佛是"再涂一层气味"的意思。可能会觉得"最近那家伙没来，这儿就归我了"。

一般未绝育的公猫喷射尿液的频率更高。而且它们尿液中留有的气味物质是绝育后猫咪的近五倍，是最臭的。气味物质主要是蛋白质，它们以此向母猫展现自己的魅力。因为"尿臭 = 蛋白质多 = 食物丰富 = 这只公猫很优秀"！

猫的本心

做标记用的是很臭的尿液，以喷射的方式尿出来。

74 对猫过敏能治愈吗？

2015年发表的研究显示，饲养猫咪或许能减轻过敏症状。该研究对同样对猫过敏的养猫人士和不养猫人士进行了长期的调查，结果发现，不养猫的那群人随着时间推移，过敏症状会越来越严重，而养猫的那群人，症状则越来越轻。

逐渐接触变应原从而降低过敏性的治疗方法被称之为"脱敏疗法"。养猫或许就相当于这种疗法吧。

而且，有数据显示，自出生起家里就有宠物的孩子，长大后不易对猫过敏。依据"卫生假说"的观点，之所以患上过敏，根源在于，生活在无菌环境，免疫能力得不到充分激活。饲养宠物后，创造了一定的带菌环境，说不定能减低过敏概率。

猫的本心

虽然还在研究中，但好像养猫会减轻过敏症状呢！

第 4 章 不是故意招人烦

猫咪的身体结构让它们成了低水分消耗动物。因为猫咪的祖先生活在非常干燥的非洲地区,为了不浪费一滴宝贵的水,猫咪会尽量抑制体内水分的排出,在大肠中尽可能地吸收掉水分后再将大便排出。所以,猫咪排出的大便看起来比较干燥。再加上猫砂会再次吸收水分,大便就变得更加干巴巴,即使用手捡起来也不会弄脏手。相反,如果是那种会脏手的柔软大便,那猫咪可能是腹泻。

猫咪的尿液非常臭,这与它们体内水分少也有关系。为了排出体内的废物,它们会循环利用体内少量的水,继而造成尿液变得浓稠。这也会给猫咪的肾脏带来负担,使猫咪极易患上肾病。

猫咪的大便非常臭,这是因为它是肉食动物。肉食中的蛋白质是恶臭的根源。这跟人类吃完烤肉后,第二天的大便非常臭是一个道理。

> **猫的本心**
>
> 对于祖先生活在干燥地区的猫咪来说,体内水分非常珍贵。因此排出的大便中也尽量不留多余的水分。

干巴巴

76 为什么有时候完全玩不起来？

狩猎是为了得到食物。因此，吃饱的猫咪是不太想再去打猎的。从实验数据中可得知，家猫在吃饱后，肚子不饿的时候不想动。所以在猫咪吃饱后逗它们玩，它们大多是不会理你的。

猫的本心
对猫咪来说，玩只是替代了狩猎。在狩猎模式下试着逗玩看看。

77 为什么要在刚收好的衣服上弄上一堆毛？

晒在外面的衣服会带有室内没有的气味。猫咪对那种新鲜的气味非常感兴趣，也想将自己的气味沾在上面，所以才会站上去。将逗猫棒等猫玩具在外面晒过后再给猫玩的话，猫咪会更感兴趣哦。

猫的本心
确认不常见的气味和做标记。

78 为什么一摊开报纸或杂志，猫就会趴到上面捣乱？

猫咪是不能理解"阅读"这种行为的。猫咪会觉得主人只是一直在一动不动而已，"那样的话就去主人旁边看看吧"。猫咪的眼神其实是在暗示"无聊的话就跟我玩吧"。猫咪可没打算捣乱。

猫的本心
无事可干的话，就跟我玩吧。

79 被抚摸过的地方，都会再舔一遍，是不想被抚摸吗？

对猫咪来说，最好的状态是"自己的气味和主人的气味以恰好的比例混合在一起"。所以它们的行为只是想调节好气味的比例，同时梳理被摸乱的猫毛。

猫的本心

如果讨厌根本就不会让你摸。舔毛只是为了调节气味比例和梳毛而已。

80 为什么半夜会跑来跑去？

猫咪本来就是夜行动物。家猫不需要狩猎，体内的能量无处释放，所以才会大半夜兴奋地到处跑。数据显示，猫咪到深夜会排便，因此，深夜的跑动也可能是 p19 提到的"一拉就跑"的情形。

猫的本心

一入夜就开启了运动模式。能量大爆发！

81 猫咪要吐的时候，看到递过去的纸巾为什么会逃跑？

因为吃太快，猫咪会先将食物吐出来，然后再吃下去。逃跑就是因为不想把食物拱手让人。还有一个原因是身体不舒服的时候，猫咪只想安静地独自待着，如果这个时候主人过来，它就会警惕地跑开。

猫的本心

这还是我的饭，不要拿走。

今泉老师的点化之课

猫咪"情绪化"的理由

大家都知道，猫咪非常情绪化。原因是猫咪基本上是单独行动的动物，随心所欲，没必要在意他人的感受。

而且，家猫还有多种情绪模式可以瞬间转换，看上去就像是性情大变。情绪模式有野生模式、宠物模式、小猫模式、母猫模式四种。小猫模式的猫咪对主人撒娇，一旦换成野生模式后，立马翻脸不认人。此外，猫咪在晚上和早晨容易开启野生模式；下雨的时候因为

不能狩猎就会为保存体力而一直睡觉。可见，时间段和天气对猫的情绪也是有影响的。

但是猫的这种"桀骜不驯"会让爱猫的人觉得特别有魅力，产生一种对在人类社会中无法实现的自由奔放的憧憬。

第5章
每只猫都是有个性的

偶尔会钩走东西

第 5 章 每只猫都是有个性的

性格是由先天因素与后天环境共同决定的。先天的性格特性由父母决定,基本不会有什么变化。在"认不认生"方面,确实与后天有没有跟人类接触有关系。特别是社会化时期觉得"人类不可怕"的猫咪,长大后也不会惧怕人类。

同时也有数据表明,"认不认生"的性格很大程度是受猫爸爸影响的。把认生的公猫的孩子和不认生的公猫的孩子分别分成"与人接触"与"不接触"两组,其中不认生的猫爸爸的孩子与人接触后也会变得不认生。而认生的猫爸爸的孩子就算与人接触后,还是会认生。

此外,不认生的猫爸爸的孩子就算没有接触过人类,也会表现出多多少少不认生的特点。因此认不认生,比起后天环境,其实与先天因素,即猫爸爸的性格,有更大的关系。

猫的本心

由先天因素和后天环境共同决定的。有数据表明,不认生的猫爸爸的孩子也不容易认生。

小福的爸爸也不认生吧?

2009年，英国公布了他们进行的一项实验结果，将金枪鱼片放入透明的瓶子里，观察猫咪会用哪只爪子伸进去。结果发现，二十一只公猫中有十九只最先使用了左爪，二十一只母猫中有二十只最先使用了右爪。狗也是如此，公狗左撇子多，母狗右撇子多。人类也有同样的情况，比起女性，男性左撇子更多。有人认为，这是因为男性激素的睾酮素会让右脑更发达，与右脑相连的左手就会更多地被使用。

另外，也有调查人员让猫咪把放在盒子里的点心重复取出五十次。他们将猫咪分为左撇子、右撇子、左右均等使用三类，以便分析猫咪的性格。他们发现，不管左撇子还是右撇子，固定用一只爪的猫咪大多自信又深情、活泼且友好。相反，两只爪子都用的猫咪大多比较胆小、神经质。因为脑和惯用手有密切的关系，所以性格可能也多少有些影响吧。

> **猫的本心**
>
> 调查显示，公猫出现左撇子、母猫出现右撇子的概率比较高。两只爪都用的猫咪与胆小的性格有关。

第 5 章 每只猫都是有个性的

小猫长出牙齿后,吸奶时会咬疼猫妈妈。此时,猫妈妈会因为疼而给小猫断奶。但是也有例外。如果小猫数量少或猫妈妈不觉得疼,哺乳行为就会持续下去。

猫妈妈在生产后的两个月左右,母乳会逐渐减少,爱撒娇的小猫会假装做出吸奶的样子,以便能一直继续吮吸。有些做了绝育手术的成年猫咪会一直留有小猫的性格,体格虽然大了还会一直吸着母乳,甚至在猫妈妈生下弟弟妹妹后,混在小猫里一直吃奶。总之,只要允许,猫咪就会一直持续吸奶。

有这种行为的猫咪,是不是公猫比较多,目前不清楚,不过感觉公猫会更多一些。因为绝育后的公猫比母猫更爱撒娇,也更容易患上分离焦虑症。

> **猫的本心**
>
> 只有一个孩子的猫妈妈会比较宠孩子,一直不给孩子断奶。孩子成年后,依旧还会做吸奶的动作。

妈妈!

第 5 章 每只猫都是有个性的

人们都说三色猫傲娇并且脾气大，那是因为它们基本上都是母猫。家养的母猫大多比较傲娇，而且脾气很大。

三色猫一般都是母猫，因为只有 X 染色体才带有毛色基因。为了同时拥有橘色和黑色的毛色，需要两个染色体 X，所以只有母猫（XX）才会成为三色猫。极少数的公猫三色猫是因为染色体异常（XXY）造成的。

母猫之所以这么傲娇，大概是因为母猫比较早熟。从育儿角度来讲，也需要母猫必须成熟起来。家猫在不同程度上都会留有小猫的性格，但是成熟的母猫与幼猫时期的性格差异很大，就会让人觉得傲娇。在野生母猫身上，或许只能看到傲娇。在育儿阶段，母猫甚至会表现出赶走大狗的强势，攻击速度也在公猫之上。即使是没有育儿经验的母猫，也有很强的意志力。

猫的本心

不仅是三色猫，傲娇是家养母猫共通的性格。也就是说，雌性的三色猫都是傲娇的！

三色猫 = 母猫 = 孤傲？

第 5 章 每只猫都是有个性的

橘猫的个头儿大多很大,那是因为橘猫多是公猫。这跟前面讲的"三色猫多是母猫"是同一个道理。橘色的毛色基因在染色体 X 上,只要公猫的 X 染色体上携带着橘色毛发基因,就会变成橘猫;而母猫因为有两条 X 染色体,如果不能凑齐两个橘色毛发基因,就没办法成为橘猫。橘猫中,母猫的数量只有 1/3。

之前我们已经讲过,比起母猫,公猫更幼稚、爱撒娇。橘猫中公猫比较多,所以橘猫也比较爱撒娇,可能是因为撒娇有利于向主人讨要比较多的零食吧。不管是家猫还是野猫,圆滚滚的橘猫比较常见,因此人们传言"橘猫有巨大化趋势"。

顺便提一下,三色猫和橘猫身上的橘色原本并不存在于野生猫中,很久以前在土耳其附近突然变异,随后以亚洲为中心才逐渐多见。在欧洲,这种毛色至今仍比较少见。

猫的本心

因为遗传关系,橘猫中的公猫比较多,因此体格大的猫很多,加之贪吃且爱撒娇,就有越来越肥的趋势。

敦实

有数据显示，黑猫多出现在大城市。有一种说法是大城市建筑物多，影子就多，黑猫混迹在影子中，不容易被发现，存活概率大。可能是因为黑猫较少遇到危险，警戒心弱，行动更大胆，而且性格友好，所以即使在人口密度很高的大城市，也能顺利地生存下去吧。

毛色与性格是否有关联，目前尚不可知，盲目一概否定是很危险的，但也不能断定两者之间毫无关系。毛色的黑色素与神经传达物质多巴胺是以同样一种方式被制造出来的。因此，黑色素与人类性格的关联性也处于调查中。据国外的调查显示，拥有黑色素多的茶色或黑色瞳孔的人大多性格随和、竞争心弱。是否觉得跟黑猫的性格有点像？反之，拥有黑色素少的蓝色或绿色瞳孔的人大多内向、谨慎。英语的"blue-eyed（绿眼睛）"就有"内向"之意，大概也是因为这一原因吧。

> **猫的本心**
>
> 很多黑猫能与人和其他猫友好相处，而且比较容易适应大城市的生活。

第 5 章　每只猫都是有个性的

影响猫咪花纹的遗传因子有很多，其中有一个叫"S（SPOT）"。这是一种能使身体的一部分变白的遗传因子。有"S"遗传因子的猫咪，有的脚上像穿了白袜子似的，有的则是脸上像画了个"八"字。颜色的分布是有规则的，在四足站立的状态下，从上往下像倒酱汁似的，基本上都是背部有花纹，而肚子和爪尖是白的。绝对不会出现肚子是花色而背上是白色的情况。

除此之外，花纹的形成毫无规则可言。比如背上有一块像没涂上色的白块，或者脸是白的但嘴巴处却出现了胡子状的花纹。就算是遗传因子完全相同的同胞小猫，由于胎内环境改变，花纹也会改变，出现独一无二的个性花纹。

因此，通过克隆技术诞生的小猫，也会呈现出与原来的猫咪不同的花纹。

猫的本心

在遗传因子的作用下，形成了个性花纹。随着母猫胎内环境的改变，花纹也会发生变化。

还有这个样子的猫咪！

第 5 章 每只猫都是有个性的

猫咪的尾巴原本是又长又直的。短尾巴和 L 形尾巴都是基因突变造成的。

L 形尾巴的猫咪原本多生活在东南亚，日本长崎县也比较多。长崎的猫咪八成都是 L 形尾巴。原因是在闭关锁国的江户时代，长崎的出岛是日本唯一的海外贸易港口。当时为了消灭因货物堆积而大量繁殖的老鼠，人们习惯将猫养在船上。于是不知从何时起，这种 L 形尾巴的猫咪就在长崎县扎根了。

在日本，除了长崎县，其他地方的 L 形尾巴的猫咪也并不少见。L 形尾巴就算不是猫咪原本的尾巴形状，但毕竟是显性基因。再加之在江户时代，人们迷信于"长尾巴的猫咪会变成猫妖"而喜欢养短尾巴或 L 形尾巴的猫咪。

提醒一下，猫咪的 L 形部位痛觉神经发达，所以尽量不要触摸。

> **猫的本心**
> L 形尾巴和短尾巴都是基因突变造成的。因为是显性基因，所以日本有 L 形尾巴的猫咪特别多。

有时候会钩到东西。

没有绝育的公猫会一直分泌雄性激素，因此体格和脸庞就会越来越大。因性别而导致的体型差异，我们称之为"性二态性"。比如，大多数的雄鸟有着非常华丽的羽毛，以便赢得更多的配偶进行繁殖。在猫的世界里，脸庞和体格大的猫咪能势压群雄，可能享有更多与领地内母猫的交配权。而且，雄性激素可以使脸部和身体的皮肤变厚，皮糙肉厚就可以防止自己在打架中受伤。因此，可以说猫老大通常"脸皮很厚"。

然而，并不是说能与母猫交配的只有猫老大，毕竟最终选择权在母猫手中。在猫咪的战争中，胜利者往往会习惯性地扬长而去（p102），在母猫身边打了一架，猫老大悠悠然地走了，伤痕累累的失败者趁机偷偷与母猫交配的事也偶有发生。为了提高基因的优良性，母猫一般会长途跋涉到从没到过的地方，与其他公猫进行交配。

猫的本心

雄性激素会使脸庞和体格变大。大块头才能在众多公猫里脱颖而出，并获得与母猫的交配权！

未绝育

91 纯种猫更骄傲？

DNA 研究显示，纯种猫与杂交猫在特定基因上是不同的，所以也可以认为是会影响到性格的。与在人类保护中延续下来的纯种猫不同，杂交猫会觉得不与人友好相处就存活不下来。

猫的本心

当然会有个体差异，但有统计结果显示，杂交猫比纯种猫更友好。

92 白猫都比较胆小是真的吗？

全身白毛是受到一种叫白色基因的影响。这种基因会影响到听觉器官，所以蓝眼睛的白猫中60%～80%都有听力障碍。由于不能凭声音掌握周围的状况，因此白猫容易多疑且神经质。

猫的本心
蓝眼睛的白猫大多听力不好，常被认为很胆小。

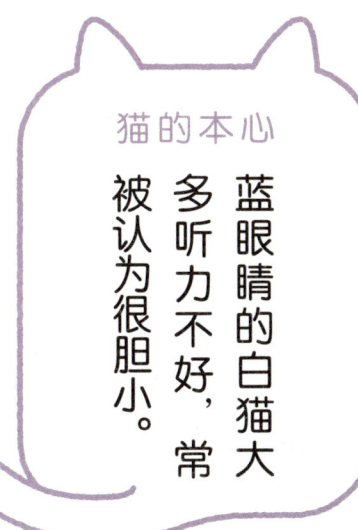

第一格：
- 许久未见的朋友
- 去年开始养的猫。
- 看看照片♡
- 想要看♡

第二格：
- 好可爱～好漂亮的眼睛！
- 蓝色的！
- 实际上更可爱，但是……

第三格：
- 非常胆小。
- 猫咪在哪里？
- 在衣柜里……吧？
- 一有陌生人来，就不知所踪。

第四格：
- 见不到真有点遗憾。
- 真的是百倍的可爱哦……
- 梦幻猫啊！

93 长毛猫的性格都比较安静吗?

长毛猫里,确实有像波斯猫那样温顺的,但也有像缅因猫那种在大自然中可以顽强生存下来的。长毛只是御寒的工具,并不是为了派头。它们性格活泼且善于捕猎。当然也有长毛的野猫。

猫的本心

长毛等于优雅?当然也存在狂野的长毛猫。

94 明明已是"中年大叔猫",怎么声音还是又高又可爱?

公猫比母猫要晚熟得多。绝育手术也大多在出生几个月的时候实行,所以说绝育后的公猫比母猫会保留更多的幼猫特点。公猫能发出小猫声音一点都不稀奇。

猫的本心

虽然个体差异很大,但是能发出小猫声音的公猫有很多。

95 能长途跋涉回家的猫，是有归巢本能吗？

"这个时间，从家里看的话，太阳应该在那个位置。"有种说法是，猫咪会通过感觉和实际看到的太阳位置的偏差，推断出方位；另一种说法是，它像候鸟一样靠磁场来确定方位。但是迷路的猫咪也很多，不能太相信这种说法。

猫的本心

有说法认为，猫可以用太阳的位置和地球的磁场推断家的方位。

96 狗和猫可以和睦相处吗？

前文（p84）说过"人与猫的关系中，猫占主导地位"。在狗和猫的关系中也一样。狗和猫和睦相处的家庭中，通常猫会经常攻击狗，但狗不会主动攻击猫。这需要狗狗有很强的忍耐力。

猫的本心

关键是狗狗能不能宽容地接受猫咪的任性。

第 5 章 每只猫都是有个性的

原本是猎物的对象，如果在社会化时期一直生活在一起，就会彼此当作同伴而不再袭击。在一个实验中，将老鼠与小猫一起养大，长大后的小猫就不再袭击老鼠。"如果在幼猫时期就一起养着小鸟或者仓鼠，猫咪长大后就可以和它们友好相处了"这样想还为时尚早。因为猫有追逐移动物体并扑上去的本能。即便它觉得是同伴，也有可能在玩耍的时候不小心伤害"同伴"，甚至将"同伴"杀死。此外，刚才实验中的小猫，也会捕猎其他种类的老鼠。只要与小时候玩耍的老鼠有一点品种和长相上的不同，猫咪就很可能会发动攻击。

最能引起猫咪狩猎冲动的是猎物从自己身边逃跑的时候。如果老鼠一动不动，猫咪反而不会在意，也不会袭击。相反，主动靠近的老鼠，会让猫咪无法理解，甚至让猫咪害怕、畏惧，所以才会有"穷鼠噬猫"的说法吧。

> **猫的本心**
>
> 成长期一起度过的小动物会彼此当作同伴，可以和睦相处。但也不能说绝对不会袭击对方。

98 肥猫必须要减肥吗？

第 5 章 每只猫都是有个性的

根据 2015 年公布的数据，日本的家养猫过于肥胖的占 42%，有些偏胖的高达 56%。总的来说，日本的家猫偏胖的居多。

跟人类一样，肥胖会对猫咪的健康造成一定的影响，需要通过调整食量来达到减肥的目的。因此主人即使再于心不忍，也必须有当"恶人"的觉悟。不过，对于沮丧的猫主人而言，也有一个好消息。

在美国进行的调查显示，猫咪在减肥后，会比以前更爱对主人撒娇。大多数猫咪会坐在主人的膝盖上或跟在主人身后，喉咙里发出咕噜咕噜声的频率也会增加。或许是因为瘦下来了，变得更活泼了。也可能只是因为肚子饿了，所以想要猫粮的频率增加了……千万别在猫咪的央求中屈服，要让它保持健康哦。

猫的本心

肥猫需要通过节食恢复健康。瘦下来的猫咪或许会变得更爱撒娇！

苗条的茶茶 > 肥肥的茶茶

撒娇程度

第 5 章 每只猫都是有个性的

在成长期（p133）没与同胞兄弟充分玩耍过的猫咪，咬人的频率就会增加，甚至咬人的程度会越来越严重。因为自己没被咬过，所以不知道被咬后有多疼。从小就离开了猫妈妈和同胞兄弟，独自被领养的猫咪大多会有咬人的坏毛病。

有人说，如果再养一只猫咪，它们咬人的坏毛病就会改掉。那应该是它们学会了在成长期没学到的猫咪之间的玩耍经验，知道了如果袭击就会被反击，知道了被咬了会疼这件事。但也不能完全断言，新的猫咪一来就能纠正原来猫咪的咬人习惯，只是说有这种可能性。

这种学习只有猫咪之间才可以进行。人类就算想教，也追不上猫咪之间学习的速度和时机。这是猫只能从猫那里学到的东西。

> **猫的本心**
>
> 猫咪通过与同伴之间的玩耍，知道了『被咬是很疼的』后，就有可能不再咬人了。

100 野性十足的猫也能变得爱撒娇吗？

第 5 章 每只猫都是有个性的

知道日本小笠原诸岛的迈克尔吗？那是一只不依赖人类独自生活在山里的猫。但为了保护那里即将灭绝的鸟类，人类还是把它捕获了。刚被抓住的时候，它对人类十分陌生，且十分暴躁。有人提议将它"人道毁灭"，但日本东京都兽医协会建议将它运回东京，且在人类的驯服下变成家猫饲养。

这般野性十足的猫咪真的可以与人亲近吗？根本无须担心，两个月后，它被彻底驯服，甚至变得很爱撒娇。此后，它作为一只幸福的家猫，生活了下来。

猫咪能否适应人类，主要是由出生后的 2~7 周的社会化敏感期决定的。理论上，如果这一时期不与人类接触，此后一生都难以驯服。但是，迈克尔的事例也说明了这个理论不是绝对的。此外，当猫咪生病时，有人陪猫咪看病后，它就会变得与人亲近了。有专家把这种现象称为"滞后的社会化"。看来，猫的性格即使成年后也会改变哦。

> **猫的本心**
>
> 从未跟人接触过的野性猫咪，也会变成爱撒娇的家猫哦！

图书在版编目（CIP）数据

猫之书：100种猫咪行为，解读猫主子的真心话／
(日) 今泉忠明主编；(日) 卵山玉子绘；李奕译. ——
海口：南海出版公司, 2021.11（2024.2重印）
　ISBN 978-7-5442-9088-3

　Ⅰ.①猫⋯ Ⅱ.①今⋯ ②卵⋯ ③李⋯ Ⅲ.①猫—动
物心理学—通俗读物 Ⅳ.①B843.2-49

中国版本图书馆CIP数据核字(2021)第198824号

著作权合同登记号　图字：30-2021-079
TITLE：［NEKOHON NEKO NO HONNE GA WAKARU HON］
Copyright © Tamagoyama Tamako, 2019
Original Japanese language edition published by Seito-sha Co., Ltd.
All rights reserved. No part of this book may be reproduced in any form without the written permission of the publisher.
Chinese translation rights arranged with Seito-sha Co., Ltd., Tokyo through NIPPAN IPS Co., Ltd.

本书由日本西东社授权北京书中缘图书有限公司出品并由南海出版公司在中国范围内独家出版本书中文简体字版本。

MAO ZHI SHU: 100 ZHONG MAOMI XINGWEI, JIEDU MAOZHUZI DE ZHENXINHUA
猫之书：100种猫咪行为，解读猫主子的真心话

策划制作：北京书锦缘咨询有限公司
总 策 划：陈　庆
策　　划：宁月玲

主　　编：	［日］今泉忠明
绘　　者：	［日］卵山玉子
译　　者：	李　奕
责任编辑：	张　媛
排版设计：	柯秀翠
出版发行：	南海出版公司　电话：（0898）66568511（出版）　（0898）65350227（发行）
社　　址：	海南省海口市海秀中路51号星华大厦五楼　邮编：570206
电子信箱：	nhpublishing@163.com
经　　销：	新华书店
印　　刷：	河北文盛印刷有限公司
开　　本：	889毫米×1194毫米　1/32
印　　张：	6
字　　数：	99千
版　　次：	2021年11月第1版　2024年2月第4次印刷
书　　号：	ISBN 978-7-5442-9088-3
定　　价：	59.80元

南海版图书　版权所有　盗版必究